高等院校"十三五"应用技能培养规划教材·移动应用开发系列

U0267272

HTML 5+CSS+JavaScript
网页设计与制作

彭进香　张茂红　王玉娟　主　编

叶　娟　孙秀娟　万　幸　刘　英　副主编

清华大学出版社

北　京

内 容 简 介

HTML 5、CSS 3 和 JavaScript 是网站前端开发的主要应用技术，本书以理论结合实例加上机实训的形式，逐一详细讲解这三大核心技术的基础知识，包括 HTML 5 网页设计的文档结构、常用标记、表单的使用及 HTML 5 新增的标记和属性，CSS 在网页中的应用、CSS 3 新增的功能，以及 JavaScript 语言基础、内置对象、对象编程、JavaScript 操作 HTML 5＋CSS 实现网页设计的方法和技巧。

本书内容全面，结构安排合理，突出实践。通过本书的学习，学生既可以掌握网页超文本标记及传统网页布局设计技巧，也可以深入运用 HTML 5+CSS 3+JavaScript 制作网页。本书既可作为普通本科或高职高专计算机相关专业 Web 前端网站开发课程的教材，又可作为学习网站设计开发从业人员的技术参考书。

图书在版编目(CIP)数据

HTML 5+CSS+JavaScript 网页设计与制作/彭进香，张茂红，王玉娟主编. —北京：清华大学出版社，2019（2024.6 重印）

(高等院校"十三五"应用技能培养规划教材·移动应用开发系列)

ISBN 978-7-302-52265-2

Ⅰ. ①H… Ⅱ. ①彭… ②张… ③王… Ⅲ. ①超文本标记语言—程序设计—高等学校—教材 ②网页制作工具—高等学校—教材 ③JAVA 语言—程序设计—高等学校—教材 Ⅳ. ①TP312.8 ②TP393.092.2

中国版本图书馆 CIP 数据核字(2019)第 018977 号

责任编辑：汤涌涛
装帧设计：杨玉兰
责任校对：周剑云
责任印制：曹婉颖
出版发行：清华大学出版社
    网 址：https://www.tup.com.cn, https://www.wqxuetang.com
    地 址：北京清华大学学研大厦 A 座   邮 编：100084
    社 总 机：010-83470000   邮 购：010-62786544
    投稿与读者服务：010-62776969, c-service@tup.tsinghua.edu.cn
    质量反馈：010-62772015, zhiliang@tup.tsinghua.edu.cn
    课件下载：https://www.tup.com.cn, 010-62791865
印 装 者：三河市龙大印装有限公司
经 销：全国新华书店
开 本：185mm×260mm   印 张：16.25   字 数：393 千字
版 次：2019 年 4 月第 1 版   印 次：2024 年 6 月第 8 次印刷
定 价：48.00 元

产品编号：081613-01

前　言

当今网络应用的不断普及和技术变革，以及互联网的迅猛发展，使得 Web 网站设计开发已经成为一门广泛应用的技术，同时各行各业对网站的要求越来越高，对网页设计开发人才的需求也大大增加。Web 标准和 CSS 技术的应用已经成为一种潮流和趋势。

作者结合自己多年实践经验的积累和相关课程的教学经验，编写了本书。本书是为计算机相关专业的学生以及对网站设计开发感兴趣的读者编写的，旨在培养读者的网站开发能力，以适应网络社会对这方面人才的需求，让读者通过学习，成为一名精通 HTML 5+CSS+JavaScript 网页设计与制作的能手。

本书以一个电子商务网站开发为案例背景，将构建商务网站时需要的典型应用作为书中的案例，引入网站设计开发所需的关键技术和开发语言。本书理论知识与实践紧密结合，理论知识适中，理论讲解的同时侧重实例讲解，思路清晰，使读者易于掌握相关实用技术。

本书共分为 10 章，前面 9 章为理论教学结合实例讲解，最后一章为一个综合性的案例。整体内容包含网页设计与制作的三大核心技术：HTML 5、CSS 3 和 JavaScript。各章的主要内容说明如下。

第 1 章介绍网站开发设计的基础知识，包括 Web 基础知识、网站开发的基本流程及关键技术，以及网站开发的工具。

第 2 章讲解 HTML 5 的相关知识，主要包括 HTML 5 的新功能、新增标记和属性、废弃标记，以及 HTML 5 文档中的常用标记、表单元素和 HTML 5 新增的结构化元素。

第 3~5 章这三章主要讲解 CSS 的技术知识，包括 CSS 基础、CSS 设计布局和 CSS 样式。其中，对主流浏览器都支持的、也比较成熟的 CSS 3 的部分属性进行了细致讲解。

第 6~8 章这三章主要讲解 JavaScript 知识，包括 JavaScript 语法基础、函数及其应用、常用的内置对象、常用的文档对象、常用的窗口对象和事件处理等内容。

第 9 章讲解 JavaScript 如何实现 Canvas 功能，包括使用 Canvas 绘制基本图形、变换图形及绘制文本等。

第 10 章主要以购物车的设计为案例背景，通过商品购物车功能的设计，系统地介绍 HTML 5、CSS 样式和 JavaScript 脚本编程三项技术的综合运用。

本书由湖南应用技术学院信息工程学院彭进香、山东女子学院张茂红、中山大学新华学院信息科学学院王玉娟任主编，由广东科学技术职业学院叶娟、北京工业职业技术学院孙秀娟、乐山职业技术学院万幸、内蒙古机电职业技术学院刘英任副主编，具体编写分工如下：第 1、5、9 章由王玉娟、孙秀娟编写，第 2、3、4 章由彭进香编写，第 6 章由叶娟编写，第 7、8 章由张茂红编写，第 10 章由万幸编写。编写过程中参考了很多相关技术资料及经典案例，吸取了许多同仁的宝贵经验，在此深表谢意！

由于编者水平有限，书中不足与疏漏之处在所难免，恳请各位专家和广大读者批评指正。

编　者

目　录

第 1 章 网站前端设计基础

(1) Web 前端开发基础;

(2) Web 前端开发技术;

(3) Web 前端开发工具。

(1) 了解 Web 前端开发的工具;

(2) 了解 Web 的标准;

(3) 掌握 Web 前端开发的技能。

1.1 Web 基础

1.1.1 Web 的基本概念

Web 的本意是蜘蛛网，现泛指网站技术，涉及网络、互联网等技术领域。该领域中有三个重要的概念。

1. 超文本

超文本(hypertext)是用超链接的方法，将各种不同位置的文字信息组织在一起，成为网状文本。通过关键字建立链接，使信息得以用交互的方式进行搜索。

2. 超媒体

超媒体(hypermedia)是一种采用非线性网状结构对块状多媒体信息(包括文本、图像、视频等)进行组织和管理的技术。超媒体是超文本和多媒体在信息浏览器环境下的结合。利用超媒体，用户不仅能从一个文本跳到另一个文本，而且可以激活一段声音、显示一个图形，甚至播放一段动画。

3. 超文本传输协议(HTTP)

超文本传输协议(Hypertext Transfer Protocol，HTTP)是在 Internet 中进行信息传送的、被浏览器默认使用的协议。它可以使浏览器更加高效，能使网络传输减少。不仅可用于保证计算机正确快速地传输超文本文档，还可用于确定传输文档中的哪一部分，以及哪些内容首先显示。例如，当用户在浏览器的地址栏中输入"www.baidu.com"时，浏览器会自动使用 HTTP 协议来搜索 http://www.baidu.com 网站的首页。

1.1.2 了解"Web 标准"

Web 标准是一个复杂的概念集合，它是由一系列标准组成的，这些标准大部分由 W3C 起草与发布。为了遵循 Web 标准，在进行网页设计时，要从三个方面入手：结构、表现和行为，对应的语言分别是 HTML、CSS 和 JavaScript，它们是网页前端设计的三种基本语言。

其中，HTML 负责构建网页的基本结构，CSS 负责设计网页的表现效果，JavaScript 用来控制网页的行为。

1. 网页的结构

负责构建网页基本结构的结构化标准语言对网页信息能起到组织和分类的作用，使用的语言主要包括 XML、HTML 和 XHTML。

1) XML

XML(Extensible Markup Language，可扩展标记语言)和 HTML 一样，来源于标准通用标记语言。可扩展标记语言和标准通用标记语言都是能定义其他语言的语言。XML 最初设计的目的，是弥补 HTML 的不足，以强大的扩展性满足网络信息发布的需要，后来逐渐用于网络数据的转换和描述。

2) HTML

HTML(HyperText Markup Language，超文本标记语言)是用来编写网页的语言，用于声明信息(如文本、图像等)的结构、格式、超链接等。目前最新版本是 HTML 5.0。

3) XHTML

XHTML(Extensible HyperText Markup Language，可扩展超文本标记语言)目前推荐遵循的是 W3C 于 2000 年 1 月 26 日发布的 XHTML 1.0。XML 虽然数据转换能力强大，完全可以替代 HTML，但面对无数已有的站点，直接采用 XML 还没有合适的环境。因此在 HTML 4.0 的基础上，用 XML 的规则对其进行扩展，得到了 XHTML。简单地说，建立 XHTML 的目的，就是实现 HTML 向 XML 的过渡。

2. 网页的表现

负责设计网页表现效果的表现标准语言主要用来对网页信息的显示进行控制，即规定如何修饰网页信息的显示样式。表现标准语言主要有 CSS(Cascading Style Sheets，层叠样式表)。W3C 创建 CSS 标准的目的，是用 CSS 取代 HTML 表格，以控制布局、帧和其他表现。CSS 布局与结构化 HTML 相结合，能够实现外观和结构的分离，使站点的访问和维护更加容易。

3. 网页的行为

负责控制网页行为的行为标准语言主要对网页信息的结构和显示进行逻辑控制，也就是动态地控制网页信息的结构和显示，实现网页的智能交互。行为标准语言主要有 DOM 和 ECMAScript 等。

1) DOM

DOM(Document Object Model，文档对象模型)，根据 W3C DOM 规范所定义，是一种与浏览器及平台无关的语言接口，使得我们可以访问页面中其他的标准组件。

简单地说，DOM 解决了 Netscape 的 JavaScript 和 Microsoft 的 JScript 之间的冲突，给 Web 设计师和开发者提供了一个标准的方法，以访问站点中的数据、脚本和表现层对象。

2) ECMAScript

ECMAScript 是 ECMA 制定的标准脚本语言(JavaScript)。

1.1.3 静态网页

网页是构成网站的基本元素，是承载各种网站应用的平台。网站就是由网页组成的，网页是一个文件，它可以存放在世界某个角落的某一台计算机中，采用超文本标记语言格式(文件扩展名为.html 或.htm)。网页由网址 URL 来标识和访问，再通过浏览器解释，最后显示给用户。

在网站设计中，纯粹 HTML 格式的网页通常被称为静态网页。静态网页是标准的 HTML 文件，可以包含文本、图像、声音、动画、客户端脚本和 ActiveX 控件及程序。

静态网页是网站建设的基础。静态网页没有后台数据库，不包含开发的程序且不可交互。静态网页制作完成后，页面的内容和显示效果就确定了，除非修改页面代码。因此，静态网页更新起来相对比较麻烦，适用于更新较少的展示型网页。

1.1.4 动态网页

动态网页能对用户请求做出动态响应，可以为不同的用户提供个性化的服务。动态网页文件以.aspx、.asp、.jsp、.php、.perl、.cgi 等形式作为后缀，并且在动态网页的网址中，经常会出现一个标志性的符号"？"。

动态网页一般以数据库技术为基础，可以与后台数据库进行交互并进行数据传递，可以大大降低网址维护的工作量。采用动态网页技术的网站能够实现更多的功能，如用户注册、用户登录、在线调查、用户管理、订单管理等。动态网页实际上并不是独立存在于服务器上的静态网页文件，只有用户请求时，服务器才返回一个完整的网页。

1.2 网站开发

1.2.1 网站开发的基本流程

为了加快网站开发的速度和减少失误，应该采用一定的制作流程来策划、设计、制作和发布网站。网站项目开发流程一般包括以下 5 个步骤。

1．需求分析

分析主要用户的特点、网站功能、网站的风格、网站的类型、网站的板块、网站的域名及空间等。

2．平台规划

(1) 内容规划：确定网站要经营的内容如何在网站中得到体现。然后把内容包装成栏目；再结合网站的主题进行风格策划和版式设计，包括全局、导航、核心区、内容区、广告区、版权区及板块设计；绘制网站内容板块草图。

(2) 网站功能规划：主要是管理功能和用户功能。

3．设计阶段

根据网站草图，由美工制作成效果图。

4．项目开发阶段

前端和后台可以同时进行。前端开发工程师根据设计效果，负责制作网站静态界面；程序开发工程师根据网站功能，进行数据库设计和代码编写。

5．测试和发布

对网站进行系统测试，包括兼容性测试、功能测试、性能测试、安全测试等，并根据测试解决问题。

测试完成后，通过服务器发布网站，包括申请域名、部署实施。

网站发布并正式运行后，需要对网站的内容持续进行更新，对网站中出现的错误持续进行修改和完善，提升网站的安全性及性能等。

1.2.2　网站开发的人才需求

网站开发是一个系统工程，需要多种人员协调配合，共同完成。通常，开发网站的过程中，需要有下列人员。

(1) 项目经理。项目经理的主要职责是进行项目的管理和协调，合理分配和使用资源，保证项目按计划顺利进行。

(2) 内容编辑。Web 的重要特征是媒体特征，通过网站，将信息更为有效地传达给最终用户，就是网站内容编辑人员的主要职责。网站内容编辑要具有较好的写作能力，并且对网站要传达的内容以及客户的心理都要有充分的理解和把握。

(3) 网站结构规划人员。其主要职责是将信息内容进行合理的编排，使用户可以方便地找到需要的信息，并且设计用户访问的工作流程。

(4) 美工设计人员。美工设计人员主要负责 Logo、按钮等的设计，图片的创意与设计，色彩的搭配，以及菜单、表格等的合理使用。同时，还要负责网站有关多媒体动画或音视频应用功能的实现，与前端开发人员共同完成网页的创建、维护和更新工作。

(5) 主页制作人员。内容与结构都已经确定，需要由专业的 Web 前端工程师使用专业的制作工具进行主页等内容的制作。

(6) 软件程序开发人员。软件开发工程师主要负责与 Web 相关的基于网络数据库系统的应用软件开发工作。

(7) 系统管理人员。其主要职责是对服务器进行管理和维护。

(8) 文档管理人员。其主要职责是对项目中的所有文档进行编辑和管理。

(9) 质量测试人员。其主要职责是对开发的产品进行测试，发现其中的技术问题和错误，及时地向项目团队报告情况，并监督相关人员解决技术问题。

1.2.3　网站开发的主要技术

网站开发技术分为 Web 前端技术和 Web 后台技术。

(1) HTML：用于静态页面开发，是网站建设的基础。

(2) CSS：对网页内容的显示样式进行控制。

(3) JavaScript：脚本语言，为静态页面增添动态交互功能。

(4) PHP：HTML 内嵌式语言，是一种在服务器端执行的嵌入 HTML 文档的脚本语言。

(5) JSP：是一种动态页面技术。用 JSP 开发的 Web 应用可以跨平台运行。

(6) Python：是一种面向对象的解释型计算机程序设计语言。

(7) ASP.NET：是.NET Framework 的一部分，是一种使网页中的脚本可由因特网服务器执行的服务器端脚本技术。

1.3　Web 前端开发所需技能

1.3.1　Web 前端工程师的工作内容

Web 前端开发是指利用 HTML、CSS、JavaScript、DOM 等各种 Web 技术进行产品的界面开发。其工作目标是制作标准优化的代码，并增加动态交互功能，同时，结合后台开发技术实现整体应用目标，通过技术改善用户体验。

前端开发技术发展得越来越成熟，且适用范围更广，如 HTML 5 可以替代原生 APP，JavaScript 能够用于数据库操作，Node.JS 能让 JavaScript 在服务器端运行等。

Web 前端工程师目前已经成为业界很普遍的工作岗位，有较大的市场需求，在职业发展中也逐步形成了体系。Web 前端工程师的职业方向大致有两种：Web 前端工程师和 Web 架构师。Web 前端工程师通过积累和对产品、项目的深入理解，及对技术的进一步研究和理解，将能更好地规划和设计 Web 架构的应用服务，并逐步成长为 Web 架构师。

Web 前端工程师的工作内容主要包括以下几点。

(1) 为网站上的产品和服务实现一流的 Web 页面，优化代码并保持良好的兼容性。

(2) 负责产品整体前端框架的搭建。

(3) 参与产品的前端开发，与后台工程师协作，优质高效地完成产品的数据交互、动态信息展示。

(4) 使用 JavaScript 等编写封装良好的前端交互组件，维护及优化网站前端页面的性能。

(5) 研究和探索创新的开发思路，以及应用最新的前端技术。

1.3.2　Web 前端工程师需要掌握的技术

1. HTML

HTML(HyperText Markup Language，超文本标记语言)是一个网页的骨架，无论是静态网页还是动态网页，最终返回到浏览器端的都是 HTML，浏览器将 HTML 代码解释并渲染后呈现给用户。HTML 并不是一种编程语言，而是一种标记语言，利用标记来识别和描述网页结构和内容，如标题、段落等。网页中所有定义的色彩、文字、表格、音视频等元素的相关代码，都是编写在 HTML 文件中的。

要成为 Web 前端工程师，必须掌握 HTML 语言，不仅要编写 HTML 代码，更需要对 HTML 的工作原理和各种属性、性能有深入的理解。学习 HTML 最好的方法就是动手编写，而不是单纯记忆 HTML 标记和属性。

2. CSS

CSS(Cascading Style Sheets，层叠样式表)用来描述网页内容如何显示，是能够真正做到网页表现与内容分离的一种样式设计语言。页面的字体、色彩、背景、行间距、页面布局等展示都是由 CSS 控制的，目前 CSS 3 还具有页面绘图、动画等功能。

Web 前端工程师的重要工作之一就是设计开发美观、清晰、易于阅读的网页，因此，对 CSS 的掌握是必要的。学习 CSS 最好采用案例学习的方法，通过反复学习、研究、操作各种案例，对 CSS 的属性熟练掌握，并能灵活应用。

3. JavaScript

JavaScript 是应用最为广泛的脚本语言，在网页中，用来添加交互和行为。例如验证表单输入，以确保输入的内容正确有效；更换一个元素或整个网站的风格；使浏览器记住有关用户的资料，方便下一次访问等。

JavaScript 也是最常用的操作网页元素或某些浏览器窗口功能的语言。使用 JavaScript 可以访问并展开网页元素的标准列表。例如通过 JavaScript 可以增加 HTML 标记、隐藏 HTML 区块等。

Web 前端工程师必须掌握交互技术，能够熟练使用 JavaScript 进行动画设计、交互设计开发。学习 JavaScript 的方法也是要通过案例学习，来掌握 JavaScript 的语法、方法等，并能很好地应用到网页中。

4．后台开发技术

目前大多数网站都是动态网站，虽然 Web 前端工程师不需要进行大量的动态网站程序开发，但却经常性地需要与程序开发人员进行配合和做业务衔接，因此掌握一定的动态网站开发技术，对于前端工程师来说也是非常必要的。

Web 前端工程师应该掌握一种动态网站开发技术，例如 ASP.NET、PHP 等，并能具备一定的开发能力，能够理解动态网站开发语言的工作原理。

Web 前端工程师除了具备最基础、最核心的技术外，还需要掌握和具备其他技术和能力，主要是以下 6 个方面。

(1) 计算机专业知识。包括编译原理、计算机网络、操作系统、算法原理、软件工程、软件测试等专业计算机知识，这些知识能够帮助开发者更好地理解和掌握 Web 前端开发技术。

(2) 知识管理、总结分享的能力。

(3) 沟通技巧，团队协作开发、需求管理、项目管理的能力。

(4) 代码模块化开发的基本方法和技术。

(5) 代码版本管理的技术。

(6) 交互设计、可用性、可访问性的原理和技术。

1.4 网站开发工具介绍

随着 Web 应用的发展，人们对 Web 应用系统和 Web 应用程序的开发技术提出了更高的要求，同时，Web 前端开发也面临着越来越复杂的开发环境。在这种背景下，如何高效地创建稳定、可靠和安全的 Web 应用程序，是 Web 前端工程师面临的重要挑战。选择合适的开发工具，能够帮助 Web 前端开发人员更高效地实施 Web 前端开发。

Web 前端开发工具根据开发的阶段和用途不同，可以分为 Web 设计工具、Web 开发工具、Web 管理与维护工具。为保证代码质量，提高开发效率，在 Web 开发过程中还需要用到 Web 调试工具，对代码进行调试。Web 前端开发常用的工具如表 1-1 所示。

表 1-1　Web 前端开发常用的工具

开发阶段	工　具
原型设计	Axure RP
	Microsoft Office Visio
技术开发	Adobe Dreamweaver
	Oracle NetBeans
	Microsoft Visual Studio

续表

开发阶段	工 具
Web 调试	Firefox
	Google Chrome
	Internet Explorer
代码托管	GitHub
	SCN
项目管理	Microsoft Project
	Collabtive

下面简单介绍一下前几种工具，感兴趣的读者可以查阅相关的资料进行深入学习。

1.4.1　原型设计工具

在进行需求分析时，用户的口头描述和想法有时并不一致，而在实际工作中，用户对于图形化的沟通交流更容易理解。原型设计是将页面的模块、元素、人机交互的形式，利用线框描述的方法，将功能更具体、生动地表达出来。原型设计是交互设计师与客户、产品经理、网站开发工程师沟通的最好工具。

Axure 是目前最受关注的原型设计工具，Axure 借鉴 Office 的界面，为用户提供了丰富的组件样式，网站或软件设计师可以通过组件的方式快速建立带有注释的原型(流程图、线框图)。Axure RP 软件可以通过官方网站(http://www.axure.com)下载试用。

1.4.2　技术开发工具

Web 开发工具主要用于对 HTML、CSS 和 JavaScript 程序的编写，将好的设计思路更好地呈现出来。

1. Adobe Dreamweaver

Adobe Dreamweaver 是第一个针对专业网页设计师特别开发的可视化网页开发工具，可用来设计并部署网站和 Web 应用程序。

利用 Dreamweaver，可以很容易地制作出跨越平台、跨越浏览器限制的网页，可提供强大的编程环境及基于标准的"所见即所得"的设计界面。

2. Oracle NetBeans

NetBeans 是一个为软件开发者而设计的自由、开放的 IDE(集成开发环境)。

NetBeans 可以帮助开发人员编写、编译、调试和部署 Java 应用，并将版本控制和 XML 编辑融入其众多的功能之中。NetBeans 可以非常方便地安装于多种操作系统平台。

NetBeans 拥有功能全面的 Web 应用开发环境，开发者可通过页面检查、CSS 样式编辑器和 JavaScript 编辑器、调试器等工具来提升开发效率。

3．Microsoft Visual Studio

Visual Studio 是微软公司开发的一个丰富的集成开发环境，可用于创建 Windows、Android、iOS 应用程序以及 Web 应用程序。使用.NET Framework 的功能，为开发人员提供了可简化 ASP Web 应用程序和 XML Web Services 开发的关键技术。

1.4.3　Web 调试工具

相对来说，Web 前端开发的调试要简单一些。在 Web 应用开发过程中，开发人员通常需要借助浏览器等工具来了解程序的执行情况，从而修正语法错误和逻辑错误，以确定程序的正确性、安全性和稳定性。目前，支持各种浏览器的 Web 调试工具比较丰富，并且各浏览器都默认地内置了开发调试工具。

1．Internet Explorer

Internet Explorer 是微软推出的一款网页浏览器，是所有新版本的 Windows 操作系统的组成部分。

Internet Explorer 可以在浏览器中交互地突出显示被选择的网页元素，可以查看 style 元素、定位 div 元素等，用户能够直接在浏览器窗口浏览、传输和更新 HTML DOM。

2．Google Chrome

Google Chrome(又称 Google 浏览器)，是由 Google 公司开发的网页浏览器，该浏览器是基于其他开源软件所撰写的，目标是提升稳定性、速度和安全性，并创造出简单且有效的用户界面。Chrome 对于 HTML 5 和 CSS 3 的支持比较完善。

3．Firefox

Mozilla Firefox(火狐)是一个开源网页浏览器，它使用 Gecko 引擎。Firefox 可以在浏览器中实时运行 HTML、CSS 等代码。Firefox 内置有强大的 JavaScript 调试工具，可以随时暂停 JavaScript 动画，观察静态细节，还可以使用 JavaScript 分析器来分析校准，找出问题。

1.4.4　代码托管工具

代码托管工具为程序员提供有效的代码管理，实行代码托管，将项目在云端存储，记录项目的每一次变动，同时，使每个开发人员都拥有一份完整的源代码，减少重复工作，降低错误率。

1．GitHub

GitHub 是一个分布式的版本控制系统，是一个代码托管平台和开发者社区。开发者可以在 GitHub 上创建自己的开源项目，并与其他开发者协作编码，创建者只需在 GitHub 上单击一下鼠标，即可创建一个新版本库，通过简单的 Web 操作，即可完成项目授权，进而组建项目核心团队。

作为开源代码库及版本控制系统，GitHub 目前拥有 140 多万开发者用户。随着越来越多的应用程序转移到云上，GitHub 已经成为管理软件开发以及发现已有代码的首选方法。

2. SVN

SVN(即 Subversion 的简写)是一个开放源代码的版本控制系统,用于团队开发中的多人文档操作的更新、处理和合并。

SVN 可以帮用户记住每次上传到这个服务器的档案内容,并为每次变更自动赋予一个新版本,所以,也可以把 SVN 当成一个备份服务器。

本 章 小 结

本章主要介绍了 Web 的基本概念,包括 Web 标准、静态网页、动态网页等知识,讲述了网站开发的基本流程和开发技术,最后介绍了网站开发每个阶段的相关工具。通过本章的学习,了解了 Web 前端工程师的工作内容及需要掌握的基本技能,并对常用的网站开发工具有了一个大体上的认识,便于以后能选择合适的开发工具。

自 测 题

简答题

1. Web 前端工程师的工作内容有哪些?
2. 列举网站开发常用的工具。
3. 简述静态网页和动态网页的区别。
4. 写出 Web 标准的制定者。

第 2 章

HTML 5 基础

本章要点

(1) HTML 元素的定义、语法和使用;

(2) HTML 5 的新功能、结构和废弃标记;

(3) HTML 5 文档的常用标记;

(4) HTML 5 的结构性语义元素。

学习目标

(1) 掌握 HTML 5 的新功能和常用标记;

(2) 掌握 HTML 5 表单的使用;

(3) 学会使用 HTML 5 结构性元素布局页面。

2.1 HTML 概述

2.1.1 了解 HTML

HTML(HyperText Markup Language，超文本标记语言)是用来编写网页的一种语言。目前最新版本是 HTML 5.0。

HTML 诞生于 20 世纪 90 年代初，版本从最早的 2.0 到现在的 5.0，经历了巨大的变化，从单一的文本显示功能到图文并茂的多媒体显示功能，许多特性经过多年的改进，已经成为一种非常完善的标记语言。如今的 HTML 不仅是 Web 中最主要的文档格式，而且在个人应用及商业应用中都发挥着重要的作用。

1．HTML 的发展历程

HTML 的发展大致经历了下列阶段。

(1) HTML(第一版)：1993 年 6 月由互联网工程工作小组发布的 HTML 工作草案。

(2) HTML 2.0：1995 年 11 月作为 RFC1866 发布。

(3) HTML 3.2：1997 年 1 月 14 日由 W3C 组织发布，是 HTML 文档第一个被广泛使用的标准。

(4) HTML 4.0：1997 年 12 月 18 日由 W3C 组织发布，也是 W3C 推荐的标准。

(5) HTML 4.0.1：1999 年 12 月 24 日由 W3C 组织发布，做了微小改进，是 HTML 文档另一个重要的、广泛使用的标准。

(6) XHTML 1.0：发布于 2000 年 1 月 26 日，是 W3C 组织推荐的标准。

(7) HTML 5：2014 年 10 月 29 日，W3C 的 HTML 工作组发布了 HTML 5 正式推荐标准。

尽管在 HTML 4.01 之后，W3C 提出了 XHTML 1.0 的概念，但 XHTML 与 HTML 4.0.1 没有本质上的区别，不同之处在于，XHTML 1.0 编码风格更严谨，受到很多用户喜爱。但主要网站的内容还是基于 HTML 的。为了能支持新的 Web 应用，克服 HTML 本身的缺点，HTML 需要添加新功能，制定新规范。于是，2006 年 W3C 又重新介入 HTML，并于 2014年推出了 HTML 5 标准。

2．HTML 的特点

HTML 语言实际上并不是编程语言，需要借助浏览器将 HTML 文档中的标记，按照预先设置好的样式进行解释，并显示相应的内容。HTML 是互联网通用语言，网页都是由 HTML 标记构成的，语法结构非常简单，却能设计出各种复杂的页面。

HTML 文档制作简单，但功能强大，支持不同数据格式文件的导入，主要特点如下。

(1) 具有简易性。HTML 版本升级采用超集方式，从而更加灵活方便。

(2) HTML 文件存储量小，能够尽可能快地在网络环境下传输与显示。

(3) 平台无关性。HTML 独立于操作系统平台，只要有浏览器，就可以在不同的操作系统平台上浏览网页文件。

(4) 可扩展性。HTML 语言的广泛应用带来了加强功能，增加了标识符等要求，HTML

采用子类元素的方式，为系统扩展提供了保证。

2.1.2　HTML 元素

一个网页对应于一个 HTML 文件，HTML 文件以.html 或.htm 为扩展名。一个完整的 HTML 文档包含标题、段落、列表、表格及各种嵌入对象，这些统称为 HTML 元素。HTML 用标记来分隔并描述内容。

HTML 文档都是由 HTML 元素和属性组成的，通过对 HTML 元素和属性的结构化编排，可以让一个 HTML 文档清晰地展现出来。

1．标记的使用

HTML 元素都是由 HTML 标记和内容构成的，标记是由尖括号"<"和">"括起来的关键字，例如<html>。HTML 标记通常成对出现，如<head></head>，第一个标记为起始标记，第二个标记为结束标记。

标记常用的形式有以下两种。

(1)　单标记：即没有结束标记，例如
、<hr>等。

(2)　双标记：起始标记和结束标记成对出现，结束标记是起始标记前加"/"。

语法格式如下：

<标记名称>内容</标记名称>

其中，"内容"就是被标记描述的部分。

例如<small>welcome</small>，可使内容"welcome"以小号文本显示在浏览器中。

> **注意**
>
> 浏览器中不会显示出元素的标记，因为标记的任务是解读 HTML 文档，然后向用户呈现一个体现 HTML 元素作用的视图。HTML 中的所有标记都不允许交错出现。

HTML 定义了各种各样的标记，不同的标记有不同的确切含义，它们在 HTML 文档中起着各不相同的作用。

2．标记的属性

属性为标记元素赋予了意义和语境。

属性包括属性名和属性值，语法格式如下：

<标记名称 属性 1=属性值 属性 2=属性值 ⋯>

属性只能用在起始标记或单标记上，而不能用于结束标记。属性值用半角形式的双引号("")或单引号('')定界。一个元素可以使用多个属性，在这些属性之间以一个或者多个空格分隔，没有先后顺序。

有一些属性是全局属性，可用于所有的 HTML 元素。还有一些是用来提供特有信息的专有属性，如 href 属性就限于 a 元素，规定了超链接目标文件的 URL。

2.2 初识 HTML 5

　　HTML 5 和 CSS 3 是新一代 Web 技术的标准，致力于构建一套更加强大的 Web 应用开发平台，以提高 Web 应用开发的效率。

　　HTML 5 的第一份正式草案于 2008 年 1 月 22 日公布，目前，HTML 5 仍处于不断完善之中。

　　2012 年 12 月 17 日，万维网联盟(W3C)宣布凝结了大量网络工作者心血的 HTML 5 规范已经正式定稿。W3C 的发言稿称"HTML 5 是开发 Web 网络平台的奠基石"。

　　2013 年 5 月 6 日，HTML 5.1 正式草案公布，该规范第一次要修订万维网的核心语言：HTML。在这个版本中，新功能不断推出，以帮助 Web 应用程序的作者努力提高新元素的互操作性。

　　2014 年 10 月 29 日，万维网联盟宣布，经过近 8 年的艰辛努力，HTML 5 标准规范终于制定完成了，并已公开发布。

　　目前，各主流浏览器都能很好地支持 HTML 5，包括 Firefox(火狐浏览器)、IE9 及其更高版本、Chrome(谷歌浏览器)、Safari、Opera 等；国内的 Maxthon(遨游浏览器)以及基于 IE 或 Chromium(Chrome 的实验版)所推出的 360 浏览器、搜狗浏览器、QQ 浏览器、猎豹浏览器等国产浏览器同样具备支持 HTML 5 的能力。

2.2.1　HTML 5 的新功能

　　从 HTML 4.01、XHTML 到 HTML 5，并不是颠覆性的革新，语法仍沿用了 HTML 语法习惯。HTML 5 让一切新特性能平滑过渡，并支持现存 HTML 文档。HTML 5 是基于各种全新理念设计的，体现了对 Web 应用的可能性和可行性的新认识，并增加了很多非常实用的新功能，下面介绍 HTML 5 的新功能。

1. 新的文档类型 DOCTYPE 和字符集

　　根据 HTML 5 的设计准则，Web 页面的 DOCTYPE 被极大地简化了。XHTML 中的 DOCTYPE 代码如下：

```
<!DOCTYPE html PUBLIC "-//W3C//DTD XHTML 1.0 Transitional//EN"
"http://www.w3.org/TR/xhtml1/DTD/xhtml1-transitional.dtd">
```

　　而 HTML 5 中的 DOCTYPE 代码如下：

```
<!doctype html>
```

　　同样，在 HTML 5 中，字符集的声明也被简化了许多。XHTML 的字符集声明如下：

```
<meta http-equiv="Content-Type" content="text/html; charset=utf-8" />
```

　　HTML 5 中的字符集声明如下：

```
<meta charset="utf-8">
```

2．脚本和链接省去了 type 属性

在 HTML 4 或 XHTML 中，添加 CSS 或 JavaScript 文件时，代码中需有 type 属性。例如：

```
<link rel="stylesheet" type="text/css" href="style.css">
<script type="text/javascript" src="myjs.js"></script>
```

在 HTML 5 中不再需要指定 type 属性，因此，代码可以简化如下：

```
<link rel="stylesheet" href="style.css">
<script src="myjs.js"></script>
```

3．语义化标记

在 HTML 5 之前，Web 前端开发者使用 div 来布局网页，但 div 没有实际意义，即使通过添加 class 和 id 的方式表达这块内容的意义，标记本身却没有含义，只是提供给浏览器的指令。HTML 5 则为页面章节定义了含义，也就是语义化元素。虽然对 Web 前端开发者来说，这些语义化元素与普通的 div 元素没有任何区别，但却为浏览器提供了语义的支持，使得浏览器对 HTML 的解析更智能和快捷。

Google 分析了上百万的页面，从中分析出了 div 标签的通用 ID 名称，并且发现其重复量很大，例如很多开发人员使用<div id="header">来标记页眉区域。所以 HTML 5 就添加了<header>标记来定义页眉内容。

2.2.2　HTML 5 的废弃标记

在 HTML 5 中废弃了很多元素和属性。

1．废弃了能使用 CSS 样式替代的元素

HTML 5 废弃了用于美化页面的元素，包括 basefont、big、center、font、s、u 等。在 HTML 5 中，这些功能将由 CSS 来完成。

2．HTML 5 废弃了只有部分浏览器才支持的元素

有一些元素无法兼容各种浏览器，例如，applet、blink 只有部分浏览器支持，marquee、bgsound 元素只有 IE 浏览器支持。这类元素在 HTML 5 中不再使用。

3．废弃了 frame 框架元素

由于框架元素的使用对网页可用性和服务器响应请求次数存在负面消耗，所以在 HTML 5 中废弃了 frame 元素，包括 frameset、frame 和 noframe，只支持 iframe 元素。

4．HTML 5 废弃了部分属性

部分属性在 HTML 5 中被废弃，采用其他属性或利用 CSS 样式替代。这些废弃的属性包括 align、bgcolor、height、width、valign、hspace、vspace，body 标记的 link、vlink、alink、text 属性，iframe 元素的 scrolling 属性，table 标记的 cellpadding、cellspacing 和 border 属性。

2.2.3　HTML 5 的新增标记

1．新增了与结构相关的元素

(1) 在 HTML 5 之前，与页面结构相关的元素主要使用 DIV+CSS 进行页面布局，而 HTML 5 中，可以直接使用各种主体结构元素进行布局，这些元素包括如下 4 种。

① <section>：表示页面的一个内容区域。

② <article>：表示页面的一块独立内容。

③ <aside>：表示页面上<article>元素之外的，但是与<article>相关的辅助信息。

④ <nav>：表示页面中的导航部分。

(2) 除此之外，HTML 5 还新增了一些非主体结构元素，主要包括如下 5 种。

① <header>：表示页面中的一个内容区域或整个页面的标题。

② <hgroup>：对整个页面或页面中<section>的<header>进行组合。

③ <footer>：整个页面或页面中<section>的页脚。

④ <figure>：表示一段独立的文档流内容。

⑤ <figcaption>：<figure>元素的标题。

2．新增的与结构无关的元素

这些元素主要用于定义音视频、进度条、时间、注释等。下面列举 5 个常用的。

(1) <video>：用于定义视频。

(2) <audio>：用于定义音频。

(3) <canvas>：表示画布，再利用脚本在上面绘制图形等。

(4) <menu>：表示菜单列表。

(5) <time>：用于表示日期、时间。

3．新增的表单元素类型

(1) <email>：表示必须输入 E-mail 地址的文本输入框。

(2) <url>：表示必须输入 URL 地址的文本输入框。

(3) <number>：表示必须输入数值的文本输入框。

(4) <range>：表示必须输入一定范围内数字的文本输入框。

2.2.4　HTML 5 的新增属性

1．新增的表单相关属性

表 2-1 列出了 HTML 5 中新增的与表单相关的属性。

表 2-1　新增的与表单相关的属性

属　性	标　记	描　述
placeholder	input(type=text)、textarea	对用户的输入进行提示
form	input、output、select、textarea、button、fieldset	声明属于哪个表单，这样可以将其放在任何位置，而不是必须放在表单内

属　　性	标　　记	描　　述
required	input(type=text)、textarea	用户提交时,检查元素内必须输入内容
autofocus	input(type=text)、select、textarea、button	打开时自动获得焦点
list	datalist、input	定义选项列表，与 input 配合使用
formaction	input、button	覆盖 form 元素的 action 属性
formenctype	input、button	覆盖 form 元素的 enctype 属性
formmethod	input、button	覆盖 form 元素的 method 属性
formtarget	input、button	覆盖 form 元素的 target 属性

2．新增的链接相关属性

（1）　为<a>、<area>元素新增了 media 属性，该属性用于规定目标 URL 是为特殊设备(如 iPhone)、语音或打印媒介设计的，可以接受多值，但只能结合 href 属性一起使用。

（2）　为<area>元素增加了 hreflang 和 rel 属性。hreflang 属性规定了在目标文档中文本的语言，属于纯咨询性的，需要与 href 属性一起使用；rel 属性规定了当前文档和目标文档之间的关系，也需要与 href 属性一起使用。

（3）　为<link>元素新增了 size 属性，该属性规定了目标资源的尺寸，只有被链接资源是图标时(rel="icon")，才能使用该属性，可接受多值，多值之间由空格分隔。

（4）　为<base>元素增加了 target 属性，主要是为了与<a>元素保持一致。

3．新增的其他属性

（1）　<ol>元素增加了 reversed 属性，用于指定列表倒序显示。

（2）　<menu>元素增加了 type 和 label 属性。label 为菜单定义一个可见的标注，type 属性可以让菜单以上下文菜单、工具条与列表菜单三种形式出现。

（3）　<style>元素增加了 scoped 属性，可以为文档的指定部分定义样式。

（4）　<meta>元素增加了 charset 属性。

（5）　<html>元素增加了 manifest 属性，开发离线 Web 应用程序时，该属性与 API 结合使用。

（6）　为<iframe>增加了 sandbox、seamless 和 srcdoc 三个属性，用来提高页面安全性。

2.3　HTML 5 的结构

2.3.1　HTML 5 的基本结构

在没有接触到 HTML 5 文档之前，很多人对 XHTML 文档结构比较熟悉，由于 XHTML 文档是 HTML 向 XML 规范的过渡版本，其文档格式也是按 XML 规范进行要求的，下面是 XHTML 文档结构的要求。

◎　必须为文档定义命名空间，其值为 http://www.w3.org/1999/xhtml。

◎　必须有根元素<html>，即<html>的起始和结束标记不能省略。

◎ 所有元素的起始标记和结束标记成对出现，不能省结束标记，或者自闭合。

◎ 所有元素都要严格遵守大小写，标记名称必须小写。

XHTML 文档语法格式严格，提高了其可读性和规范性。HTML 5 语法沿用了 HTML 的语法，但使文档结构更加清晰明确，增加了很多新的结构元素，减少了复杂性，既方便了浏览者访问，也提高了 Web 前端的开发效率。

一个 HTML 5 页面文件的基本结构如下：

```
<!doctype html>
<html>
<head>
<meta charset="utf-8">
<title>无标题文档</title>
</head>

<body>
...
</body>
</html>
```

(1) <!doctype html>声明必须位于 HTML 文档的第一行，用来告诉 Web 浏览器当前页面使用的是哪个 HTML 版本，不需要引用 DTD。但<!doctype html>不是 HTML 标记，而且它对大小写不敏感。

(2) <html>与<html/>标记限定了文档的开始和结束。此标记支持 HTML 5 全局属性和 manifest 属性。manifest 属性主要在创建 HTML 5 离线应用时使用。

(3) <head>标记用于定义文档的头部，描述文档的各种属性和信息，包括文档的标题、在 Web 中的位置，以及与其他文档的关系等。绝大多数文档头部包含的数据都不会显示给用户。

(4) <title>元素定义文档的标题，标题内容通常会显示在浏览器窗口的标题栏或状态栏上。它是<head>中唯一必须包含的元素。

(5) <meta>标记位于文档的头部，不包含任何内容，主要用来提供页面的元信息，如页面使用的字符集、针对搜索引擎和更新频度的描述和关键字。<meta charset="utf-8">定义了文档的字符编码是 utf-8，charset 是 meta 标记的新增属性。

(6) <body>元素定义了文档的主体，包含文档的所有内容，如文本、图像、超链接、表格、列表等。

(7) 页面注释标记为<!--注释内容-->。注释是在 HTML 代码中插入的描述性文本，用来解释该代码或提示信息，浏览器对注释代码不进行解释，也不会在浏览器中显示。

2.3.2 编写第一个符合 W3C 标准的 HTML 5 网页

使用 Dreamweaver CS6 制作一个符合 W3C 标准的 HTML 5 网页，具体操作如下。

(1) 启动 Dreamweaver CS6，新建 HTML 文档，打开如图 2-1 所示的对话框，在"文档类型"下拉列表框中选择 HTML 5。

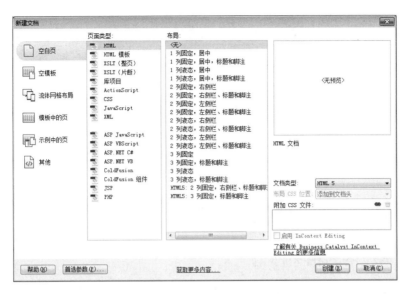

图 2-1　"新建文档"对话框

(2)　创建新的 HTML 文档，单击文档工具栏中的"代码"按钮，切换至代码状态。HTML 基本代码的结构如图 2-2 所示。

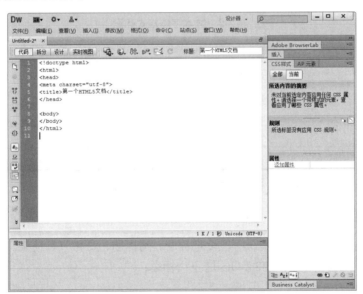

图 2-2　新建 HTML 5 文档

(3)　修改 HTML 文档标题，将<title>标记中的内容修改为"第一个 HTML5 文档"。

(4)　在网页主体中添加内容，即在<body>标记中编写代码如下：

```
<h1>html5 的基本结构</h1>
<p>一个完整的 HTML 文档包括标题、段落、列表、表格及各种嵌入对象，这些统称为 HTML 元素，HTML 用标记来分隔并描述这些元素。所以，HTML 文档就是由各种 HTML 元素和标记组成的。</p>
```

(5)　保存网页，在 IE10 浏览器中预览，效果如图 2-3 所示。

图 2-3　网页预览效果

2.4　HTML 5 文档的常用标记

2.4.1　文本段落的相关标记

常用的文本段落标记有以下几种。

1．文本字体格式标记

文本字体格式标记有<b>、<i>、<small>、<em>、<strong>，其说明如表 2-2 所示。

表 2-2　文本字体格式标记

标　记	描　述
<b>	定义粗体效果
<i>	定义斜体效果
<small>	小号字印刷体效果
<em>	强调文本
<strong>	更强烈地强调文本

在实际应用中，建议使用 CSS 样式来丰富效果。

2．标题标记

HTML 定义了一套标题元素，用于设定标题、副标题、章和节等结果。从<h1>到<h6>，<h1>级别最高。下面列出 h1、h2 和 h3 这三级标题：

```
<h1>一级标题</h1>
<h2>二级标题</h2>
<h3>三级标题</h3>
```

3．换行标记

在 HTML 语言规范里，每当浏览器窗口被缩小时，浏览器会自动将右边的文字移到下一行。如果想强制换行，可以在需要的地方加上
标记。

<wbr>标记是 HTML 5 新增的，用来表示长度超过浏览器窗口的内容适合在此换行，但换不换行由浏览器决定，<wbr>元素只是给出一个建议而已。

和<wbr>是单标记，没有结束标记。

4．段落标记

用<p></p>标记定义的内容形成一个段落，<p>元素会自动在其前后创建一些空白。

2.4.2　图像标记

图像标记<img>标记定义了 HTML 页面中的图像，从技术上讲，图像并不会插入到 HTML 页面中，而是链接到页面上。<img>是单标记，有两个必需的属性：src 和 alt。属性 src 表示图像的 URL，属性 alt 表示图像的替代文字。HTML 5 废弃了<img>标记的大部分布局属性，而采用 CSS 样式对图像进行修饰。

【例 2-1】图文混排。代码如下：

```
<!doctype html>
<html>
<head>
<meta charset="utf-8">
<title>图书介绍</title>
</head>
<body>
<img src="img/book.jpg" align="left">
<h3>《教父》三部曲典藏版套装(电影《教父》原著小说)</h3>
<p><b>《教父》</b>是男人的圣经，是智慧的总和，是一切问题的答案。<br>
2014 年全新译本，一字未删，完整典藏。<br>
同名电影<i>《教父》</i>三部曲被誉为伟大的电影，获得九项奥斯卡大奖。</p>
</body>
</html>
```

IE 浏览器中的预览效果如图 2-4 所示。

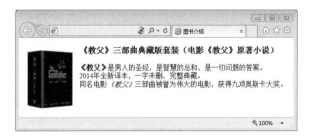

图 2-4　图文混排页面

2.4.3　超链接

超链接是 HTML 文档中最重要的应用之一，是网页互相联系的桥梁，单击超链接，可以从当前网页定义的位置跳转到其他位置，包括当前页的某个位置、Internet、本地文件或局域网上的其他文件，也可以是声音、图像等多媒体文件。

建立超链接使用标记<a></a>，基本语法格式如下：

```
<a href=URL>网页元素</a>
```

超链接的两个关键要素是：href 属性(超链接指向的目标地址)和设置为超链接的网页元

素。如果未设置 href 属性，则只是超链接的占位符。在 HTML 4 中，a 元素可以是超链接或锚，而在 HTML 5 中，a 元素只是超链接。a 标记的常用属性如表 2-3 所示。

表 2-3　HTML 5 中超链接的常用属性

属性名称	值	描　　述
download	filename	指定被下载的超链接目标，HTML 5 新增
href	URL	规定链接指向的页面的 URL
hreflang	language_code	规定被链接文档的语言
media	media_query	规定被链接文档是为何种媒体/设备优化的，HTML 5 新增
rel	text	规定当前文档与被链接文档之间的关系
target	_blank、_parent、_self、_top	规定在何处打开链接文档
type	MIME type	规定被链接文档的 MIME 类型

1．文字和图像超链接

设置超链接的网页元素通常使用文字和图像，将文字或图像放在<a>和</a>标记之间即可创建超链接。

【例 2-2】创建文字和图像超链接。HTML 代码如下：

```
<body>
<a href="http://www.baidu.com">
<img src="img/logo1.jpg"></a>
<a href="http://www.baidu.com">百度</a>
</body>
```

以上代码在 IE 浏览器中运行的预览效果如图 2-5 所示。

图 2-5　文字和图像超链接

超链接的默认样式通常是：未被访问的链接带有下划线，而且是蓝色的；已被访问的链接带有下划线，而且是紫色的；活动链接带有下划线，而且是红色的。

注意

在使用 a 元素的时候，需要注意：①如果不使用 href 属性，则不可以使用 download、hreflang、media、rel、target 以及 type 这些属性；②目标页面通常显示在当前浏览器窗口中，可以通过 target 属性指定目标窗口；③使用 CSS 设置链接样式。

2．超链接指向的目标地址

超链接可以链接到各种类型的文件，也可链接到其他网站、电子邮件等。链接到其他文件时，根据目录文件与当前网页文件的路径关系，可采用绝对路径和相对路径。

1)　绝对路径

绝对路径是指文件的完整路径，包括文件传输的协议(http、ftp)等，一般用于网站的外部链接，例如 http://www.baidu.com/。

2)　相对路径

相对路径是指相对于当前文件的路径，包含了从当前文件指向目的文件的路径。采用相对路径是建立两个文件之间的相互关系，可以不受站点和所处服务器位置的影响。

因此，建立超链接时有 4 种写法。注意要尽量使用相对路径。

(1)　链接到同一目录中的文件，语法格式如下：

```
<a href="目标文件名">网页元素</a>
```

(2)　链接到下一级目录中的文件，语法格式如下：

```
<a href="子目录/目标文件名">网页元素</a>
```

(3)　链接到上一级目录中的文件，语法格式如下：

```
<a href="../目标文件名">网页元素</a>
```

(4)　链接到同级目录中的文件，语法格式如下：

```
<a href="../子目录/目标文件名">网页元素</a>
```

3．设置以新窗口显示超链接页面

默认情况下，目标文件会在当前窗口中显示并替换当前页面的内容，如果想在新窗口显示超链接页面，可以使用<a>标记的 target 属性，属性值有 4 个：_blank、_self、_top、_parent。由于 HTML 5 不支持框架，所以_top、_parent 这两个值不常用。其中_blank 表示在新窗口中显示超链接页面；_self(默认值)表示在当前窗口显示超链接页面。

2.4.4　列表

HTML 列表分为 3 类，分别是无序列表、有序列表和定义列表。

1．无序列表

无序列表用<ul></ul>表示，指没有进行编号的列表。每个列表项前使用<li>标记，列表项内容可以是段落、图片、链接或其他列表等元素。基本语法格式如下：

```
<ul>
<li>无序列表项 1</li>
  <li>无序列表项 2</li>
  <li>无序列表项 3</li>
  ...
</ul>
```

2．有序列表

有序列表和无序列表类似，但有序列表项有先后顺序。在 HTML 中，有序列表用<ol>

标记定义，每一个列表项仍用<li>元素表示。基本语法格式如下：

```
<ol>
  <li>有序列表项 1</li>
  <li>有序列表项 2</li>
  <li>有序列表项 3</li>
  ...
</ol>
```

3．定义列表

定义列表与前两者有所区别，它不仅仅是一个列表项目，还包含着一系列术语及说明的组合。在 HTML 中，定义列表用<dl>元素表示，列表项用<dt>表示，列表项说明用<dd>表示。基本语法格式如下：

```
<dl>
<dt>定义列表项 1</dt>
<dd>这是一个定义列表</dd>
<dt>定义列表项 2</dt>
<dd>这是一个定义列表</dd>
</dl>
```

【例 2-3】列表元素综合示例。代码如下：

```
<body>
<h4>一个无序列表：</h4>
<ul>
<li>列表项 1</li>
<li>列表项 2</li>
<li>列表项 3</li>
</ul>
<h4>一个无序列表：</h4>
<ol>
<li>列表项 1</li>
<li>列表项 2</li>
<li>列表项 3</li>
</ol>
<h4>一个定义列表：</h4>
<dl>
<dt>计算机</dt>
<dd>用来计算的仪器 ...</dd>
<dt>显示器</dt>
<dd>以视觉方式显示信息的装置 ...</dd>
</dl>
<h4>一个嵌套列表：</h4>
<ul>
<li>无序列表项 1</li>
<li>无序列表项 2
<ol>
<li>有序列表项 1</li>
<li>有序列表项 2</li>
</ol>
```

```
</li>
<li>无序列表项 3</li>
</ul>
</body>
```

以上代码在 IE 浏览器中运行的预览效果如图 2-6 所示。

图 2-6　列表元素示例

在 HTML 5 中使用 CSS 样式来设定列表的显示方式。

2.4.5　表格

在 HTML 页面中，表格是一种很常见的对象，通过表格，可以使要表达的内容简洁清晰，目前，表格布局已经被废弃，下面主要介绍如何用表格显示数据。

1．表格的基本结构

简单的 HTML 表格由 table 元素以及一个或多个行(tr)、表头(th)、单元格(td)元素组成。

复杂的 HTML 表格还包括 captain、thead、tbody 及 tfoot 元素。使用<captain>标记定义表格标题，使用<thead>、<tbody>和<tfoot>标记对表格的行进行分组。不同的行组具有不同的意义，<thead>代表表头，<tbody>是主体，<tfoot>是脚注，在<thead>部分使用<th>标记代替<td>定义单元格，<th>标记定义的单元格默认加粗。

【例 2-4】一个简单的表格。核心代码如下：

```
<body>
<table>
<tr>
<th>姓名</th>
<th>电话</th>
<th>电话</th>
```

```
</tr>
<tr>
<td>Bill Gates</td>
<td>555 77 854</td>
<td>555 77 855</td>
</tr>
</table>
</body>
```

以上代码在 IE 浏览器中运行的预览效果如图 2-7 所示。

图 2-7　一个简单的表格

从预览效果上来看，表格没有边框，行高和列宽也无法控制，因为在 HTML 5 中，除了<td>标记提供了两个单元格合并属性之外，<table>和<tr>标记已没有任何属性，所以表格的所有外观修饰都需要通过 CSS 样式来完成，详见 CSS 章节。

2．用 colspan 属性合并左右单元格

使用<td>标记的 colspan 属性可以合并左右单元格，即设定单元格跨占的列数，其语法格式如下：

```
<td colspan="数值">单元格内容</td>
```

3．用 rowspan 属性合并上下单元格

使用<td>标记的 rowspan 属性可以合并上下单元格，即设置单元格跨占的行数，其语法格式如下：

```
<td rowspan="数值">单元格内容</td>
```

【例 2-5】关于 colspan 属性和 rowspan 属性的用法。代码如下：

```
<body>
    <table border="1">
    <tr>
<th>Month</th>
<th>Savings</th>
<th>Savings for holiday!</th>
    </tr>
    <tr>
<td>January</td>
<td>$100</td>
<td rowspan="2">$50</td>
    </tr>
    <tr>
```

```
<td>February</td>
<td>$80</td>
    </tr>
    <tr>
<td colspan="3">avg: </td>
    </tr>
    </table>
</body>
```

以上代码在 IE 浏览器中运行的预览效果如图 2-8 所示。

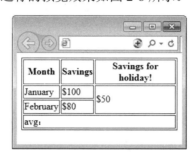

图 2-8　单元格合并的显示效果

2.4.6　HTML 5 的音频和视频

在 HTML 5 之前，要在页面中嵌入音视频，只能使用<object>和<embed>元素，这种嵌入的方式不仅给 Web 前端开发带来了一定的困难，同时，用户在进行音视频播放时，必须安装浏览器插件，才可以播放音视频，不方便用户的使用。

在 HTML 5 中，新增了两个元素：audio 元素和 video 元素，其中 audio 元素专门用来播放网络上的音频数据，而 video 元素专门用来播放网络上的视频或电影。使用这两个元素，就不需要再使用其他插件了，只要有能支持 HTML 5 的浏览器即可。同时，在开发的时候，也不再需要用 object 元素和 embed 元素编写复杂的代码了。

1．audio 元素

HTML 5 规定了一种通过 audio 元素来包含音频的标准方法，Web 前端开发者可以通过 audio 元素播放声音文件或音频流。目前，audio 元素支持三种音频格式，分别为 Ogg Vorbis、MP3 和 WAV 格式。由于现在浏览器能够支持的编解码器不一致，为了确保一个音频能够同时被所有支持 HTML 5 的浏览器支持，可以通过<source>元素来为同一个音频指定多个源，供不同的浏览器来选择适合自己的播放源。

在 HTML 5 中播放音频的代码如下：

```
<audio controls="controls">
  <source src="音频文件" type="audio/ogg" />
  <source src="音频文件" type="audio/mpeg" />
  <source src="音频文件" type="audio/wav" />
  您的浏览器不支持 audio 播放
</audio>
```

2．video 元素

同样，HTML 5 也规定了一种通过 video 元素来包含视频的标准方法。目前 video 元素支持 Ogg、MPEG-4 和 WebM 三种视频格式。也可以通过<source>元素来为同一个视频指定多个源，供不同的浏览器来选择适合自己的播放源。

在 HTML 5 中播放视频的代码如下：

```
<video controls="controls">
  <source src="视频文件" type="video/ogg" />
  <source src="视频文件" type="video/mp4" />
  <source src="视频文件" type="video/webm" />
  您的浏览器不支持 video 播放
</video>
```

3．audio 和 video 元素的常用属性

audio 和 video 元素作为 HTML 中播放多媒体的元素，其属性大体相同，如表 2-4 所示。

表 2-4　audio 和 video 元素的常用属性

属　　性	值	描　　述
autoplay	true/false	设置或返回音视频是否在加载后立即开始播放
controls	controls	指定是否为音视频添加浏览器自带的播放控制条
loop	loop	指定是否循环播放
preload	none/metadata/auto	表明音视频文件是否需要进行预加载。none 表示不进行加载；metadata 表示只加载媒体的元数据；auto(默认值)表示加载全部音频或视频
src	URL	指定音频或视频文件的 URL
width 和 height	value	为 video 元素独有属性，用来指定视频的宽度和高度

虽然目前 video 元素和 audio 元素支持的音视频格式不多，各浏览器对 HTML 5 的支持程度也各不相同，但随着技术的发展，HTML 5 必将成为 Web 时代新的标准。

4．在网页上播放音乐

使用<audio>元素实现音乐播放，页面被打开后直接加载音频文件，然后循环播放。

【例 2-6】用 audio 元素播放音频。核心代码如下：

```
<body>
<audio controls="controls" loop="loop" autoplay="autoplay">
<source src="sound/gsls.mp3" type="audio/ogg" />
<source src="sound/gsls.mp3" type="audio/mpeg" />
<source src="sound/gsls.mp3" type="audio/wav" />
Your browser does not support the audio element.
</audio>
</body>
```

IE 浏览器中的预览效果如图 2-9 所示。

图 2-9　使用 audio 元素播放音乐

5．在网页上播放视频

【例 2-7】用 video 元素播放视频。核心代码如下：

```
<body>
<video controls loop autoplay="autoplay" width="300" height="200">
<source src="movie/movie.mp4" type="video/ogg" />
<source src="movie/movie.mp4" type="video/mp4" />
<source src="movie/movie.mp4" type="video/webm" />
Your browser does not support the video element.
</video>
</body>
```

以上代码在 IE 浏览器中运行的预览效果如图 2-10 所示。

图 2-10　使用 video 元素播放视频

2.5　HTML 5 的表单元素

HTML 页面不仅可以向用户展示丰富多样的文字、图片、音视频等内容，还能与用户进行交互，例如用户信息注册和所有搜集数据的工作都需要表单来完成。表单是 HTML 页面的一个重要组成部分，通过表单提供输入的界面，供浏览者输入数据。表单常用于用户注册、登录、投票等需要与用户进行交互的功能。其他常见的应用还有 Web 搜索、在线订购、问卷调查等。

2.5.1　创建表单

表单用<form></form>标记来定义，基本的语法格式如下：

```
<form action="URL" method=get/post name=""></form>
```

（1）action 表示当用户提交表单时向何处发送表单信息，URL 可以是其他站点，也可以是站内的其他文件。

(2) method 表示发送表单信息的方式，method 有两个值：get 和 post。

① get 方式是将表单控件中的 name/value 信息经过编码之后，通过 URL 发送(可以在地址栏中看到)。get 请求传送的数据量较小，一般不能大于 2KB。

② post 将表单的内容通过 HTTP 发送，在地址栏中看不到表单提交信息，更加安全，而且 post 请求没有长度限制。

(3) name 指定表单的唯一属性。

此外，form 元素还有 id、style、class 等常用的核心属性。

只有一个表单是无法实现其功能的，需要通过表单的各种控件，用户才可以进行输入信息、从选项中选择、提交信息等操作。接下来介绍 HTML 5 常用的表单控件。

2.5.2 input 输入类型控件

表单中使用<input>标记收集用户信息，根据不同的 type 属性值，输入区域有多种形式，常用的 input 输入类型控件如表 2-5 所示。

表 2-5　常用的 input 输入类型控件

控　件	描　述
<input type="text">	单行文本框
<input type="password">	密码输入框(输入的字符用"*"表示)
<input type="radio">	单选按钮
<input type="checkbox">	复选框
<input type="image">	图片按钮
<input type="button">	普通按钮
<input type="submit">	提交按钮，将表单内容提交给服务器
<input type="reset">	重置按钮，将表单内容全部清除，重新填写
<input type="hidden">	定义隐藏的输入字段
<input type="file">	定义输入字段和"浏览"按钮，用于上传文件

<input>标记常用的属性如表 2-6 所示。

表 2-6　<input>标记常用的属性

属　性	描　述
name	控件名称
type	控件类型
size	指定控件的宽度
value	用于设定输入默认值
width(HTML 5 新增)	定义 input 字段的宽度(适用于 type="image")
required(HTML 5 新增)	表示输入框的值必须填写
maxlength	单行文本框中允许输入的最大字符数
placeholder	规定帮助用户填写输入字符的提示

表单的数据类型有很多种，例如文本、数字、邮件地址、日期等，针对不同的数据类型，HTML 5 提供了多种 input 输入类型，这里详细解释若干种。

1．单行文本输入框(type="text")

单行文本框通常用于输入单行文本，如用户姓名和地址等。其语法格式如下：

```
<input type="text" name="" value="默认值" placeholder="hint" required>
```

(1)　type="text"定义单行输入文本域，用于在表单中输入字母、数字等内容，默认宽度为 20 个字符。

(2)　placeholder 是 HTML 5 新增的 input 属性，用于为输入框提供一种提示，这种提示可以描述输入框要用户输入何种内容，在输入框为空时显示，而当输入框获得焦点时则会消失。

(3)　HTML 5 新增的 required 属性用于规定输入框填写的内容不能为空，否则不允许用户提交表单。

> **注意**
>
> placeholder 属性和 required 属性适用于 text、search、url、telephone、email 和 password 类型的 input 标记。required 属性还用于 datepickers、number、radio、checkbox、file 类型的 input 标记。

2．密码输入框(type="password")

密码输入框是一种特殊的文本框，用于保密信息的输入，如密码。当用户输入时，文本会显示为黑点或其他符号。其语法格式如下：

```
<input type="password" name="" />
```

3．按钮

按钮在表单中起着非常重要的作用，可以触发提交表单的动作；可以在用户需要的时候将表单恢复到初始状态；还可以根据程序的需要发挥其他作用。

1)　普通按钮(type="button")

普通按钮需配合 JavaScript 脚本进行相应的表单处理，其基本语法格式如下：

```
<input type="button" name="" value="" />
```

name 属性定义按钮的名称；value 的值代表显示在按钮上面的文字。

2)　提交按钮(type="submit")

提交按钮可以将表单中的信息提交给表单中的 action 所指向的文件。其语法格式如下所示：

```
<input type="submit" name="" value="" />
```

3)　重置按钮(type="reset")

通过重置按钮，可以将表单内容全部清除，恢复成初始状态，使得用户可以重新填写。其基本语法格式如下：

```
<input type="reset" value="" />
```

【例 2-8】设计用户登录页面。核心代码如下：

```
<body>
  <h2>用户登录</h2>
  <form name="form1">
    账号: <input type="text" name="username"
    placeholder="请输入账号" required>
    <p>
    密码: <input type="password" name="pwd"><p>
    <input type="submit" value="登录">
    <input type="reset" value="取消">
  </form>
</body>
```

以上代码在 IE10 浏览器中运行的预览效果如图 2-11 所示。

由于账号输入框设置了 required 属性，所以当该输入框为空时，若提交表单，系统会弹出如图 2-12 所示的提示信息。

图 2-11　用户登录页面

图 2-12　弹出提示信息

4)　单选按钮(type="radio")

单选按钮让用户在一组选项中只能选择一个，常由多个标记构成一组使用。其语法格式如下：

```
<input type="radio" name="" value="" checked/>
```

单选按钮都是以组为单位使用的，同一组的单选按钮的名称(name)必须相同，同一组中的单选按钮的 value 值必须不同。checked 表示页面加载时该单选按钮处于被选中状态。

【例 2-9】在 HTML 页面中创建单选按钮。核心代码如下：

```
<body>
  <p>当用户单击一个单选按钮时，该按钮会变为选中状态，其他所有按钮会变为非选中状态
</p>
  <form>
    男性: <input type="radio" checked name="Sex" value="male" /><br />
    女性: <input type="radio" name="Sex" value="female" />
  </form>
</body>
```

IE 浏览器中的预览效果如图 2-13 所示。

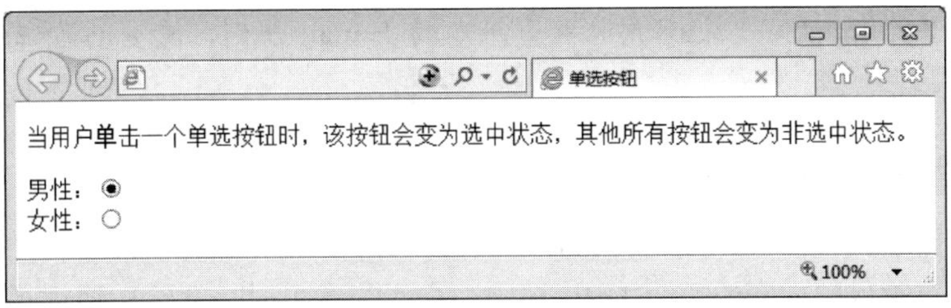

图 2-13　单选按钮示例

该例中，两个单选按钮的 name 属性值都是 Sex，要确保这两个单选按钮在同一个组内，以实现单选。

4．复选框(type="checkbox")

复选框是指在一组选项里可以同时选择多个，每一个复选框都是一个独立的元素，必须有一个唯一的名称。其语法格式如下：

```
<input type="checkbox" name="" value="" checked />
```

checked 表示默认已选中。

5．email 类型的输入框(type="email")

在以往的表单设计中，采用的是<input type="text">纯文本方式输入 E-mail 地址，不能自动进行有效性验证，需要通过正则表达式和 JavaScript 进行验证。而在 HTML 5 中，新增了 email 类型的 input 元素，是专用于输入 E-mail 地址的文本输入框，提交表单时，会自动验证 email 输入框的值，如果不是一个有效的 E-mail 地址，则不允许提交表单。

其语法格式如下：

```
<input type="email" name="">
```

【例 2-10】使用 email 类型的输入框。核心代码如下：

```
<form action="" method="get">
  E-mail: <input type="email" name="user_email" /><br />
  <input type="submit" />
</form>
```

以上代码在 IE 浏览器中运行的预览效果如图 2-14 所示。

图 2-14　email 类型的输入框

33

> **注意**
>
> email 类型的 input 输入框只用来验证基本的 E-mail 规则，更多的验证规则可以通过 JavaScript 来实现。

6．url 类型的输入框(type="url")

url 类型的输入框是专门用来输入 url 地址并验证用户输入的内容是否符合 URL 规则的控件，如果用户输入的内容不符合 URL 规则，在提交表单时，会给出错误提示。其语法格式如下：

```
<input type="url" name="">
```

【例 2-11】使用 url 类型的输入框。核心代码如下：

```
<body>
  <form action="" method="get">
    Homepage: <input type="url" name="user_url" /><br />
    <input type="submit" value="提交" />
  </form>
</body>
```

以上代码在 IE 浏览器中运行的预览效果如图 2-15 所示。

图 2-15　url 类型的输入框

7．number 类型的输入框(type="number")

number 类型的 input 输入框里只允许用户输入数字类型的数据。在提交数据的时候对数据内容进行数字有效性验证，可以保证数据的安全有效性。number 类型的输入框对数字类型的限制是通过如表 2-7 所示的属性来实现的。

表 2-7　number 类型的 input 元素的属性

属　性	描　述
max	规定允许的最大值
min	规定允许的最小值
step	规定合法的数值间隔(如 step=2，则合法的数是-2、0、2、4、6 等)
value	规定默认值

其语法格式如下：

```
<input type="number" name="">
```

【例 2-12】使用 number 类型的输入框。核心代码如下：

```
<form action="" method="get">
 <input type="number" name="points" min="0" max="10"
 step="3" value="6" />
 <input type="submit" value="提交"  />
</form>
```

以上代码在 IE 浏览器中运行的预览效果如图 2-16 所示。

图 2-16　number 类型的输入框

8．date 类型的选择框

普通的文本输入框也可以用来输入日期和时间，但提交后的数据需要进行二次处理才能使用，HTML 5 提供的 date pickers(日期选择器)类型的选择框很大程度地简化了这一过程，用户可以直接选择日期、时间等选项。

HTML 5 提供了多个可用于选择日期和时间的新输入类型，如表 2-8 所示。

表 2-8　日期选择器

输入类型	描　述
type="date"	选取日、月、年
type="month"	选取月、年
type="week"	选取周、年
type="time"	选取时间(小时和分钟)
type="datetime"	选取时间、日、月、年(UTC 时间)
type="datetime-local"	选取时间、日、月、年(本地时间)

【例 2-13】date 类型示例。核心代码如下：

```
<body>
 <form action="" method="get">
  Date: <input type="date" name="user_date" />
  Week: <input type="week" name="user_date" />
  Date and time: <input type="datetime-local" name="user_date" />
  <input type="submit" />
 </form>
</body>
```

以上代码在 360 安全浏览器中运行的显示效果如图 2-17 所示。

图 2-17　date 类型的输入框

> **注意**
>
> Opera 浏览器对 HTML 5 新增的输入类型 email、url、number 和 date pickers 等的支持最好，但所有主流浏览器中都可以使用它们，即使不支持，也仍然可以显示为常规的输入框。

2.5.3　列表框

通过<select>和<option>标记，可以设计页面中的下拉列表框和列表框效果，从而为用户提供一些选项和信息的列表。列表框中，可以看到多个选项；下拉列表框中，只能看到一个选项。其基本语法格式如下：

```
<select name="" size="" multiple>
<option value="" selected>选项 1</option>
<option value="">选项 2</option>
...
</select>
```

size 属性定义列表框的行数；name 属性定义列表框的名称；设置 multiple 属性可以实现多项，用户用 Ctrl 键来实现多选，若不设置该属性，则是下拉列表框效果，只能单选；value 定义选项的值；selected 规定该选项为选中状态。

【例 2-14】列表框示例。核心代码如下：

```
<body>
 <form action="" method="get">
 请选择您喜欢的汽车型号：
  <select name="cars">
   <option value="1">Volvo</option>
   <option value="2">Saab</option>
   <option value="3">Fiat</option>
   <option value="4">Audi</option>
  </select>
  <input type="submit" value="确定">
 </form>
</body>
```

以上代码在 IE 浏览器中运行的预览效果如图 2-18 所示。

图 2-18　列表框示例

2.5.4　多行文本输入框

多行文本输入框主要用于输入较长的文本信息。其基本语法格式如下：

```
<textarea name="" cols="" rows="" value="">...</textarea>
```

cols 属性定义多行文本框的列数；rows 属性定义多行文本框的行数。

2.5.5　表单控件综合示例

【例 2-15】创建用户注册页面。代码如下：

```
<!doctype html>
<html>
<head>
  <meta charset="utf-8">
  <title>无标题文档</title>
</head>
<body>
  <h1>网购用户信息调查</h1>
  <form name="form1" action="" method="post">
    姓名：<input type="text" name="username" size="12" maxlength="20"><p>
    性别：<input type="radio" checked="checked" name="Sex" value="male" />男
        <input type="radio" name="Sex" value="female" />女<p>
    出生日期：<input type="date" name="age"><p>
    手机号：<input type="number" name="telephone"><p>
    邮箱：<input type="email" name="E=mail"><p>
    您经常访问的购物网站：<p>
    <select name="url">
    <option value="1">淘宝网</option>
    <option value="2">当当网</option>
    <option value="3">京东网</option>
    </select><p>
    您经常会在网上购买哪一类商品：<p>
<input type="checkbox">服装
<input type="checkbox">书籍
<input type="checkbox">数码
<input type="checkbox">家电
<input type="checkbox">食品
<input type="checkbox">鞋帽<p>
    您对各类购物网站的评价：<p>
<textarea name="evaluate"
cols="50" rows="5"></textarea><p>
<input type="submit" name="subm"
```

```
value="提交">
<input type="reset" value="重填">
  </form>
</body>
</html>
```

以上代码在 360 浏览器中运行的显示效果如图 2-19 所示。

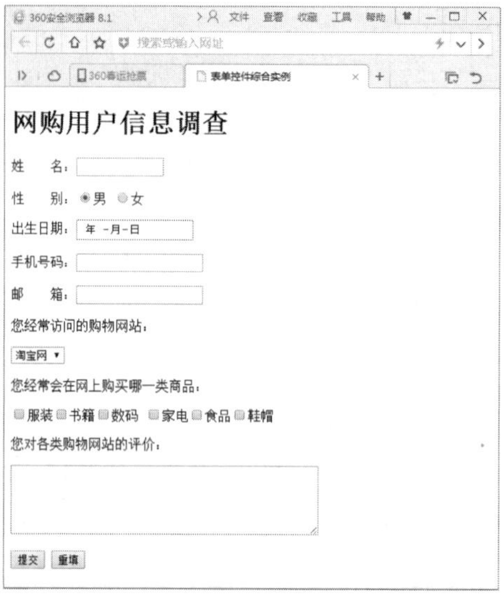

图 2-19　创建用户注册页面

2.6　HTML 5 语义化结构性元素

在 HTML 5 之前，可选的标记在一定程度上是有限的。网页开发者会使用大量的 div 元素或 table 元素来布局页面整体结构，但它仍然只是一个用于流式内容的一般性容器，需要通过 class 或 id 来体现内容块的意义。而在 HTML 5 中，使用新的结构元素就可以达到同样的效果。在编排文档结构大纲时，也可以使用标题元素(h1~h6)来展示各个级别的内容区块标题。表 2-9 列出了几个与 HTML 5 新元素密切映射的语义指示符。

表 2-9　流行的 class 名称及其相近的 HTML 5 等效元素

class 名称	HTML 5 元素
footer	\<footer\>
menu	\<menu\>
title、header、top	\<header\>
small、copyright、smalltext	\<small\>
text、content、main、body	\<article\>
nav	\<nav\>
search	\<input type="search"\>
date	\<time\>

2.6.1　新增的主体结构元素

在 HTML 5 中，为了使文档结构更加清晰明确，新增了几个与页眉、页脚、内容区块等文档结构相关的结构元素。

1. section 元素

section 元素用于定义网页或应用程序中的节(或"片段""部分"等)，可以对页面上的内容进行分块。它与 div 元素类似，也是一种一般性容器。section 元素通常由内容及其标题(h1~h6、hgroup)组成。

例如：

```
<section>
  <h1>...</h1>
  <p>...</p>
</section>
```

不同区块既可以使用相同级别的标题，也可以单独设计。

如果没有标题，或者当一个容器需要被直接定义样式或通过脚本定义行为时，推荐使用 div 而非 section 元素。

【例 2-16】section 元素的使用。核心代码如下：

```
<body>
  <section>
    <h1>WWF</h1>
    <p>The World Wide Fund for Nature (WWF) is an international organization
working on issues regarding the conservation, research and restoration of
the environment, formerly named the World Wildlife Fund. WWF was founded in
1961.</p>
  </section>
  <section>
    <h1>WWF's Panda symbol</h1>
    <p>The Panda has become the symbol of WWF. The well-known panda logo of
WWF originated from a panda named Chi Chi that was transferred from the Beijing
Zoo to the London Zoo in the same year of the establishment of WWF.</p>
  </section>
</body>
```

以上代码在 IE 浏览器中运行的显示效果如图 2-20 所示。

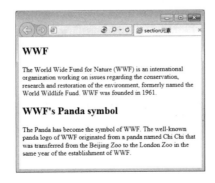

图 2-20　使用 section 元素的显示效果

> **注意**
>
> ①不要将 section 元素用作设置样式的页面容器，而应该使用 div 元素；②没有标题的内容区块不要使用 section 元素；③如果 article 元素、aside 元素或 nav 元素符合使用条件，就不要使用 section 元素。

2．article 元素

article 元素是一种特殊的 section，是页面或应用程序中独立的、完整的、可以独自被外部引用的内容，section 元素主要强调分段或分块属于内容的部分，而 article 元素则主要强调其完整性。article 元素可以是一篇博客或报刊中的文章、一篇论坛帖子、一段用户评论或独立的插件，或其他任何独立的内容。article 元素通常有自己的标题(一般放在 header 元素中)，甚至有自己的页脚。例如：

```
<article>
<header>
<h2>标题</h2>
<p>发布日期: <time pubdate="pubdate">...</time></p>
</header>
  <p>内容...</p>
<footer>
<p>版权所有</p>
</footer>
</article>
```

【例 2-17】article 元素的使用。核心代码如下：

```
<body>
<article>
<header>
<h1>积分支付上线啦!</h1>
<time pubdate="pubdate">2017 年 1 月 1 日 09:15</time>
</header>
<p>不知道积分怎么用？还在为喜欢的宝贝不能包邮左右纠结吗？</p>
<p>即日起，积分抵现功能上线啦，积分可以抵现金，还可以直接抵付邮费哦~</p>
<footer>咨询/投诉电话: 400-100-000</footer>
</article>
</body>
```

以上代码在 IE 浏览器中运行的显示效果如图 2-21 所示。

图 2-21　使用 article 元素的显示效果

article 元素和 section 元素都是 HTML 5 新增的元素，功能与 div 元素类似，都是用来区分不同区域的，它们的使用方法也相似，初学者容易将其混用，下面总结两者的区别。

(1) article 元素是一段独立的内容，通常包含头部(header 元素)和尾部(footer 元素)。

(2) section 元素用于对页面中的内容进行分块处理，需要包含<hn>不同的元素，不包含 header 元素和 footer 元素，相邻的 section 元素的内容是相关的，而不是像 article 那样独立。所以，article 元素更强调独立性、完整性；section 更强调相关性。

既然 article 和 section 是用来划分区域的，是否可以取代 div 元素来布局网页呢？答案是否定的。在 HTML 5 出现之前，只有 div、span 用来划分区域，习惯性地把 div 当成一个容器。而 HTML 5 改变了这种用法，让 div 的作用更纯正，即用 div 布局大块，在不同的内容块中，按照需求添加 article、section 等内容块，这样才能合理地使用这些元素。

3. nav 元素

nav 元素是一个可以用来进行页面导航的链接组，其中，导航元素链接到其他页面或当前页面的其他部分。并不是所有的链接组都要放进 nav 元素中，只需要将主要的、基本的链接组放进 nav 元素即可。例如，在页脚中通常会有一组链接，包括服务条款、版权声明、联系方式等，一般放在 footer 元素里比较好。

一个页面中可以有多个 nav 元素，作为页面整体或不同部分的导航。具体地说，nav 适合用在以下这些场合。

(1) 传统导航条。现在主流网站上都有不同层级的导航条，其作用是将当前页面跳转到网站的其他页面上去。

(2) 侧边栏导航。很多网站上都有侧边栏导航，其作用是将页面从当前文章或当前商品跳转到其他文章或其他商品页面上。

(3) 页内导航。页内导航的作用，是在本页面几个主要的组成部分之间进行跳转。

(4) 翻页操作。是指在多个页面的前后页或博客网站的前后篇文章间跳转。

但普遍认为，一个页面最好只有一个 nav 元素，用来标记最重要的导航条(一般是网站的导航条)。这样可以让搜索引擎快速定位，避免误导。nav 元素通常配合 ul 或 ol 列表标记一起使用。

> **注意**
>
> 不要用 menu 元素代替 nav 元素，menu 元素是用在一系列发出命令的菜单上的，是一种交互性的元素，是使用在 Web 应用程序中的。

【例 2-18】nav 元素的使用。核心代码如下：

```html
<body>
  <nav>
    <a href="/html/">首页</a> |
    <a href="/html/">HTML</a> |
    <a href="/css/">CSS</a> |
    <a href="/js/">JavaScript</a> |
    <a href="/jquery/">jQuery</a>
  </nav>
</body>
```

以上代码在 IE 浏览器中运行的显示效果如图 2-22 所示。

图 2-22　使用 nav 元素的显示效果

4．aside 元素

aside 元素用来表示当前页面或文章的附属信息部分，一般包含与当前页面或主要内容相关的引用、侧边栏、广告、导航条，以及其他有别于主要内容的部分。aside 元素主要有以下两种使用方法。

(1)　作为主要内容的附属信息部分，其中的内容可以是与当前文章有关的参考资料、名词解释等。

(2)　在 article 元素之外使用，作为页面或站点全局的附属信息部分。最典型的形式是侧边栏，其中的内容可以是友情链接、博客中的其他文章列表、广告单元等。这样，侧边栏就具有导航作用，可以嵌套一个 nav 元素。

【例 2-19】aside 元素的使用。核心代码如下：

```
<body>
<article>
<header>
<h1>HTML5 简介</h1>
<p>文章来源: http://www.w3school.com.cn</p>
</header>
<h2>了解 HTML5</h2>
<p>HTML5 将成为 HTML、XHTML 以及 HTML DOM 的新标准。</p>
<h2>HTML5 新特征</h2>
<p>用于绘画的 canvas 元素</p>
<p>用于媒介回放的 video 和 audio 元素</p>
<aside>
<h3>参考资料</h3>
<p>w3school</p>
<p>HTML5 开发手册</p>
</aside>
</article>
</body>
```

以上代码在 IE 浏览器中运行的显示效果如图 2-23 所示。例 2-19 中 aside 元素放在 article 元素内部，因此引擎将该 aside 元素的内容理解成是与 article 元素内容相关联的。

图 2-23　使用 aside 元素

2.6.2　新增的非主体结构元素

在 HTML 5 中，还增加了非主体结构元素，用来表示逻辑结构或附加信息。

1．header 元素

header 元素用于定义页眉，是一种具有引导和导航作用的结构元素，可以放置整个页面或页面内的一个区块的标题，也可以包含其他内容，如 Logo、搜索表单等。例如：

```
<header>
<h1>网页标题</h1>
</header>
```

2．hgroup 元素

hgroup 元素用于对 header 元素标题及其子标题进行分组，通常与 h1~h6 元素组合使用，如果只有一个主标题，则不需要 hgroup 元素。可以使用 hgroup 元素把主标题、副标题和标题说明进行分组，以便搜索引擎更容易识别标题块。例如：

```
<header>
<hgroup>
  <h1>主标题</h1>
  <h2>副标题</h2>
</hgroup>
</header>
```

3．footer 元素

footer 元素用于定义内容块的脚注，如在页面中添加版权信息等，或在内容块中添加注释。脚注信息可以有很多形式，如创建作者的姓名信息、日期、相关链接及版权信息等。与 header 元素一样，页面中可以重复使用 footer 元素。例如：

```
<footer>
<ul
<li><a href="#">版权信息</a></li>
<li><a href="#">网站地图</a></li>
<li><a href="#">联系方式</a></li>
</ul>
</footer>
```

4．address 元素

address 元素用于定义文档中的联系信息，包括文档作者或拥有者的姓名、电子邮箱、联系电话、网站等。通常情况下，address 元素应该添加到网页的头部或尾部。例如：

```
<footer>
<address>
  <p>文章作者：Tom</p>
  <p>发表时间：<time datetime="2016-12-12">2016 年 12 月 12 日</time></p>
</address>
</footer>
```

2.7 上机实训：使用结构元素进行网页布局

使用 HTML 5 提供的几个用于相关内容块的新元素替代 div 元素更具语义。本次实训以常见的网页布局为例，使用结构元素进行页面布局，下面是该页面的大纲：

(1) 页眉(网站 Logo、徽标、搜索框等)；

(2) 主导航；

(3) 页面主体；

(4) 文章(主栏目)；

(5) 文章标题；

(6) 文章元数据；

(7) 文章内容；

(8) 文章脚注；

(9) 侧边栏；

(10) 侧边栏标题；

(11) 侧边栏内容；

(12) 页脚。

页面的整体布局如图 2-24 所示，最终效果如图 2-25 所示。

> **注意**
>
> 为了简便起见，这里省略了 CSS 和 JavaScript 的浏览器支持，在学习了 CSS 内容后，读者可使用 CSS 进一步完善该页面。

图 2-24　页面的整体布局　　　　图 2-25　最终效果

实训代码如下：

```
<!doctype html>
<html>
<head>
  <meta charset="utf-8">
  <title>用结构元素布局网页</title>
</head>

<body>
  <header>
  <hgroup>
  <h2>主标题</h2>
  <h3>副标题</h3>
  <h4>标题说明</h4>
  </hgroup>
  <nav>
  <a href="#">链接 1</a> | <a href="#">链接 2</a> |
<a href="#">链接 3</a> | <a href="#">链接 4</a>
  </nav>
  </header>
  <div id="container">

  <section>
  <article>
```

```html
<header>
<h1>文章题目 1</h1>
</header>
<p>作者: *** <time datetime="2016-12-30">2016-12-30</time></p>
<p>文章内容</p>
<footer>
<ul>
<li><a href="#">参考文献 1</a></li>
<li><a href="#">参考文献 2</a></li>
<li><a href="#">参考文献 3</a></li>
</ul>
</footer>
</article>
<article>
<header>
<h1>文章题目 2</h1>
</header>
<p>作者: *** <time datetime="2016-12-30">2016-12-30</time></p>
<p>文章内容</p>
<footer>
<ul>
<li><a href="#">参考文献 1</a></li>
<li><a href="#">参考文献 2</a></li>
<li><a href="#">参考文献 3</a></li>
</ul>
</footer>
</article>
</section>
<aside>
<h3>友情链接</h3>
<h4><a href="#">链接 1</a></h4>
<h4><a href="#">链接 2</a></h4>
<h4><a href="#">链接 3</a></h4>
</aside>
<article>
</div>
<footer>
<section>
<address>
<p>发布人: <a title="发布人: Tom" href="#">Tom</a></p>
</address>
<p><time datetime="2016-12-12">发布时间: 2016 年 12 月 12 日</time></p>
</section>
</footer>
</body>
</html>
```

  需要注意,如果侧边栏的内容和文章不相关(如最新文章等),则 aside 元素可以作为页面的侧边栏,而不是文章的侧边栏。如果它包含的只是与文章相关的内容,则可以把 aside

元素作为 article 元素的一个子元素。

> **注意**
>
> W3C 规范推荐用 section 划分网页，但不能用来布局，主要作用是可以通过其 id 进行文档查找。

本 章 小 结

HTML 5 和 CSS 3 是新一代 Web 技术的标准，致力于构建一套更加强大的 Web 应用平台，以便提高 Web 应用开发效率。目前各主流浏览器都可以更好地支持 HTML 5。

本章主要介绍了 HTML 5 的新功能、新增标记和属性及 HTML 5 的基本结构。详细讲解了 HTML 5 文档常用标记和属性的使用方法，以及表单的创建和使用等。HTML 5 新增了语义化结构性元素来定义网页，使得网页结构更简洁、更严谨、更富有语义，并且使得代码有助于浏览器解析、搜索引擎查找以及阅读修改。

自 测 题

一、单选题

1. HTML 5 之前的 HTML 版本是(　　)。
   A. HTML 4.01　　　　B. HTML 4　　　　C. HTML 4.1　　　D. HTML 4.9
2. HTML 5 的正确 doctype 是(　　)。
   A. <!DOCTYPE html>
   B. <!DOCTYPE HTML5>
   C. <!DOCTYPE HTML PUBLIC "-//W3C//DTD HTML 5.0//EN"
   D. "http://www.w3.org/TR/html5/strict.dtd">
3. 在 HTML 5 中，(　　)元素用于组合标题元素。
   A. <group>　　　　B. <header>　　　C. <headings>　　D. <hgroup>
4. HTML 5 中不再支持(　　)元素。
   A. <q>　　　　　　B. <ins>　　　　　C. <menu>　　　　D. <font>
5. 在 HTML 5 中，onblur 和 onfocus 是(　　)。
   A. HTML 元素　　B. 样式属性　　　C. 事件属性　　　D. CSS 元素
6. 用于播放视频文件的 HTML 5 元素是(　　)。
   A. <movie>　　　　B. <media>　　　　C. <video>　　　　D. <mp4>
7. 用于播放音频文件的 HTML 5 元素是(　　)。
   A. <mp3>　　　　　B. <audio>　　　　C. <sound>　　　　D. <media>
8. 在 HTML 5 中不再支持<script>元素的(　　)属性。
   A. rel　　　　　　B. href　　　　　　C. type　　　　　D. src

二、简答题

1. HTML 5 新增了哪些标记？
2. article 元素和 section 元素有什么区别？
3. hgroup 元素有什么作用？
4. 简述 HTML 文件中<!doctype>的作用。
5. HTML 5 中用于播放音视频文件的元素是什么？

第 **3** 章

CSS 基础

(1) CSS 3 的概念;

(2) HTML 文档调用 CSS 的方法。

(1) 熟悉 CSS 的语法规则;

(2) 了解 CSS 3;

(3) 掌握选择符的使用;

(4) 学会在 HTML 文档中使用 CSS 样式。

3.1 CSS 3 概述

2001 年，W3C 就着手进行 CSS 3 标准的制定了。CSS 3 的一个新特点是规范被分为若干个相互独立的模块，这有利于及时更新和发布、及时调整模块的内容。同时，由于受支持设备和浏览器厂商的限制，可以有选择地支持一部分模块，即支持 CSS 3 的一个子集。以前网页中很多效果只有通过图片和脚本才能实现，而利用 CSS 3，只需短短几行代码就能完成，如圆角、图片边框、文字阴影和盒阴影等效果。

目前，主流浏览器如 Chrome、Safari、Firefox、Opera，甚至 360，都已经支持 CSS 3 的大部分功能了，IE10 浏览器也开始全面支持 CSS 3。除了 HTML 5 外，CSS 3 将是互联网发展的另一个趋势。

CSS 3 规范并不是独立的，它重复了 CSS 的部分内容，在 CSS 2 的基础上增加了很多强大的新功能。CSS 3 与先前的几个版本相比，其变化是革命性的，是一个不断演化和完善的标准，在目前已经完成的部分中，CSS 3 新增了很多功能。

(1) 强大的 CSS 3 选择符。通过 CSS 3 选择符可以直接指定需要的 HTML 元素，而不需要在 HTML 中添加不必要的类名、id 等。使用 CSS 3 选择符，能够更完美地实现结构和表现分离，从而设计出简洁、轻量级的 Web 页面。

(2) 可以轻松实现比如圆角、图片边框、文字阴影、盒阴影、过渡、动画等效果。

(3) 盒模型变化。盒模型在 CSS 中起着非常重要的作用，过去 CSS 中的盒模型只能实现一些基本的功能，但一些特殊的功能需要借助 JavaScript 来实现。而在 CSS 3 中，这一点得到了很大的改善，例如，CSS 3 中的弹性盒子、实现多列布局等。

(4) CSS 3 支持更多的颜色和更广泛的颜色，如 HSL、CMYK、HSLA 和 RGBA。其中 HSLA 和 RGBA 还增加了透明通道，能轻松地改变任何一个元素的透明度。

(5) 轻松定制个性化字体。浏览器对 Web 字体有诸多限制，CSS 3 重新引入了 @font-face。@font-face 是连接服务器上字体的一种方式，这些嵌入的字体能变成浏览器的安全字体而得到正常显示。

(6) 可以对 HTML 元素进行旋转、缩放、倾斜、移动等。

3.2 CSS 的组成

3.2.1 CSS 基本语法规则

CSS 是一个纯文本文件，可以 ".CSS" 为扩展名作为单独文件来使用，它的内容包含了一组告诉浏览器如何安排和显示 HTML 标签中内容的规则。CSS 规则由 3 个部分构成：选择符、属性和属性的取值。

语法如下：

```
选择符{属性 1:属性值；属性 2:属性值；}
```

(1) 选择符是 CSS 的核心，可以是需要改变样式的 HTML 标记。将 HTML 标记作为选择符定义后，则在 HTML 页面中，该标记下的内容都会按照 CSS 定义的规则显示在浏览器中。

(2) 属性和值的组合称为声明，表示选择符中要改变的规则。例如：

```
p{font-size:18px; font-family:"宋体";}
```

其中 p 为选择符，而介于{}中的所有内容为属性声明块。上述代码表示<p></p>标签内的所有文本的字体大小为 18px，字体为宋体。

> **注意**
>
> CSS 样式表中的注释语句是以"/*"开头，以"*/"结尾的。

3.2.2　选择符的分类

CSS 通过选择符对不同的 HTML 标记赋予各种样式的声明，来实现各种网页效果。CSS 选择符根据功能可以分为基础选择符、伪类选择符、层次选择符、选择符组和属性选择符。

1．基础选择符

基础选择符是 CSS 中最基础、最常用的选择符，从 CSS 诞生开始就一直存在，供 Web 前端开发者快速地进行 DOM 元素的查找和定位。CSS 基础选择符主要包括通配符选择符、标记选择符、类选择符及 id 选择符。

1) 通配符选择符(*)

如果想让一个页面中所有的 HTML 标记使用同一种样式，可以使用通配符选择符，这样定义的样式对所有的 HTML 标记都起作用。其语法格式如下：

```
*{property:value;}
```

其中的"*"在 CSS 中代表"所有"，用来选择所有的 HTML 标记。例如：

```
*{font-size:16px;}
```

表示将网页中所有元素的字体定义为 16 像素。在实际应用中，一般需要进行样式的初始设置，如将所有元素的外边距和内边距定义为 0，代码如下：

```
*{margin:0; padding:0;}
```

2) 标记选择符

标记选择符是 CSS 选择符中最常见且最基本的选择符，HTML 页面中的所有标记都可以作为标记选择符，例如定义网页里所有 p 元素中的文字大小、颜色和行高，用于声明页面中所有<p>标签的样式。代码如下：

```
p{font:12px; color:#000; line-height:18px;}
```

3) 类选择符

标记选择符一旦声明，则页面中的所有该标记都相应地产生变化，所以只依赖标记选择符不能满足开发者的需要，这时可以使用类选择符，把相同的元素分类定义成不同的样式。在定义类选择符时，在自定义名称的前面需要加一个点号(.)，例如：

```
.header{color:#ff0000; text-align:center;}
```

调用时只需在标记内使用 class 属性进行引用，例如：

```
<p class="header">类选择符</p>
```

由<p>标记的 class 属性引用类选择符。该<p>标记中的文字为红色居中对齐。

另外，类选择符也可以被其他标记多次引用。

注意

类选择符名称的第一个字符不能使用数字，否则，该样式就无法在浏览器中起作用。

【例 3-1】使用类选择符。HTML 代码如下：

```
<html>
  <head>
    <meta charset="utf-8">
    <title>类选择符</title>
    <style type="text/css">
     .one{font-size:12px; color:#00F;}
     .two{font-size:18px; color:#900;}
     .three{font-size:24px; color:#6CF;}
    </style>
  </head>
  <body>
  <h3 class="one">类选择符 1</h3>
  <h3 class="two">类选择符 2</h3>
  <h3 class="three">类选择符 3</h3>
  </body>
</html>
```

以上代码在 IE 浏览器中运行的预览效果如图 3-1 所示。

图 3-1 用类选择符来定义样式的显示效果

该例中，定义了三个类选择符，分别是 one、two 和 three。类选择符的具体名称自行命名，可以是任意英文字符串，或以英文开头的与数字的组合，一般情况下，采用具有语义的缩写。

4) id 选择符

id 选择符用来对某个单一元素定义。一个网页文件中，只能有一个标记使用某个 id 选择符。定义 id 选择符的语法格式如下：

```
#idvalue{property:value;}
```

idvalue 是选择符名称，在定义名称的前面加一个井号(#)，由 HTML 标记的 id 属性引用。id 属性在文档中具有唯一性。例如：

```
#main{background-color:#ccc;}
```

调用方法如下：

```
<div id="main">id 选择符</div>
```

这表示该<div>元素的背景颜色为#ccc。

【例 3-2】使用 id 选择符。HTML 代码如下：

```
<html>
<head>
 <meta charset="utf-8">
 <title>无标题文档</title>
 <style type="text/css">
  #intro{font-weight:bold;}
  #color{color:#f00;}
 </style>
</head>
<body>
 <p id="intro">This is a paragraph of introduction.</p>
 <p>This is a paragraph.</p>
 <p id="color">This is a paragraph.</p>
</body>
</html>
```

以上代码在 IE 浏览器中运行的预览效果如图 3-2 所示。

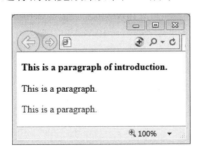

图 3-2　用 id 选择符定义样式的显示效果

> **说明**
>
> 　　与类选择符相比，使用 id 选择符定义样式是有一定局限性的，类选择符和 id 选择符的主要区别如下：①类选择符可给任意多个标记定义样式，但 id 选择符在页面标记中只能使用一次；②id 选择符比类选择符具有更高的优先级，即当 id 选择符与类选择符发生冲突时，优先使用 id 选择符定义的样式。

2. 伪类选择符

伪类选择符也是选择符的一种，伪类是以"："来表示的，但是用伪类定义的 CSS 样式并不是作用在 HTML 标记上，而是作用在标记的某种状态上。伪类选择符与类选择符的区别是：类选择符可以自由命名，而伪类选择符是 CSS 中已经定义好的选择符，不能随便命名和定义。其语法格式如下：

```
:伪类选择符{属性 1:值；属性 2:值；}
```

由于很多浏览器支持不同类型的伪类，并且没有统一的标准，所以很多伪类都不常用。伪类包括如下几种：

(1) :first-child——设置元素的第一个子对象的样式；

(2) :link——设置 a 对象未被访问时的样式；

(3) :visited——设置 a 对象在其链接地址已被访问过时的样式；

(4) :hover——设置 a 对象在鼠标悬停时的样式；

(5) :active——设置 a 对象在被用户激活(鼠标单击与释放之间发生的事件)时的样式；

(6) :focus——设置元素获取焦点时的样式；

(7) :lang——设置对象使用特殊语言时的内容的样式。

有些伪类是主流浏览器都支持的，就是超链接的伪类：:link、:visited、:hover 和:active。这些伪类常用在<a>标记上，表示超链接 4 种不同的状态：:link 为未访问超链接、:visited 为已访问超链接、:hover 为鼠标停留在超链接上、:active 为激活超链接。

例如：

```
a:link{color:#000000; text-decoration:none;}
a:visited{color:#333333; text-decoration:none}
a:hover{color:#0000ff; text-decoration:underline;}
a:active{color:#666666; text-decoration:none;}
```

为了确保每次鼠标经过文本时的效果相同，建议在定义样式时要按照 a:link、a:visited、a:hover 和:active 的顺序依次编写，如 a:hover 必须位于 a:link 和 a:visited 之后才能生效，而 a:active 必须位于 a:hover 之后才能生效。

3．层次选择符

层次选择符是一些基础选择符按照一定的关系进行组合的选择符组合。通过层次选择符的使用，可以基于 HTML 中的 DOM 元素之间的层次关系进行选择，可以快速准确地找到相关元素，并进行样式设定。

1) 包含选择符

包含选择符是对某种元素的包含关系定义的样式。

元素 1 里包含元素 2，两者之间用空格隔开，这里元素 2 不管是元素 1 的子元素还是孙元素或者是更深层次的关系，都将被选中。

【例 3-3】包含关系选择符。HTML 代码如下：

```
<html>
<head>
<meta charset="utf-8">
<title>包含选择符</title>
  <style type="text/css">
    h2 strong{color:red;}
  </style>
</head>
<body>
```

```
  <h2>This is <strong>very</strong><strong>very</strong> important.</h2>
  <h2>This is <em>really <strong>very</strong></em> important.</h2>
  <p>This is <em>really <strong>very</strong></em> important.</p>
</body>
</html>
```

以上代码在 IE 浏览器中运行的预览效果如图 3-3 所示。

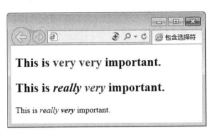

图 3-3　使用包含关系选择符的显示效果

该例中，可以实现将 h2 元素的后代 strong 元素的字体变为红色，而这个样式规则不会作用到其他的 strong 文本上。

2)　子选择符

子选择符只能选择某元素的子元素，子选择符使用大于号(>)。如 A>B(A 为父元素，B 为子元素)，表示选择了 A 元素下的所有子元素 B，与包含选择符(A B)不同，A>B 仅选择 A 元素下的 B 子元素，更深层次的元素则不会被选择。

例如，把例 3-3 中的样式改成 h2>strong{color:red;}时，第二个 h2 中的 strong 元素将不受影响。

4．选择符组

为了简化代码，避免重复定义，可以将相同属性和值的选择符组合起来书写，用逗号将各个选择符分开。例如：

```
h1,h2,h3,p,li{color:#666666;}
```

这表示 h1、h2、h3、p、li 标记中的文本颜色都为灰色(#666666)。

5．属性选择符

属性选择符可以为拥有指定属性的 HTML 元素设置样式，而不仅限于 class 和 id 属性。属性选择符在 CSS 2 中就被引入，其主要作用是为带有属性的 HTML 元素设置样式。其语法格式如下：

```
E[attr]
```

E[attr]是最简单的一种，用来选择具有 attr 属性的 E 元素，而不论这个属性值是什么。其中 E 可以省略，表示选择定义了 attr 属性的任意类型元素。

【例 3-4】简单的属性选择符应用。HTML 代码如下：

```
<html>
<head>
  <meta charset="utf-8">
```

```
   <title>一个简单的属性选择符的应用</title>
   <style type="text/css">
     [title]{color:red;}
   </style>
</head>
<body>
    <h2>可以应用样式：</h2>
    <h3 title="Hello world">Hello world</h3>
    <a title="W3School" href="http://w3school.com.cn">W3School</a>
    <hr />
    <h2>无法应用样式：</h2>
    <h3>Hello world</h3>
    <a href="http://w3school.com.cn">W3School</a>
</body>
</html>
```

例 3-4 中为带有 title 属性的所有元素设置字体颜色(color:red;)。以上代码在 IE 浏览器中运行的预览效果如图 3-4 所示。

图 3-4　应用属性选择符的显示效果

CSS 3 属性选择符在 CSS 2 的基础上进行了扩展，新增了 3 个属性选择符，使属性选择符有了通配符的概念。表 3-1 介绍了 CSS 3 的属性选择符的使用。

表 3-1　CSS 3 的属性选择符

选 择 符	描 述
E[attr]	省略
E[attr=val]	选择具有属性 attr 的 E 元素，并且 attr 的属性值为 val(其中 val 区分大小写)
E[attr|=val]	attr 属性值是一个具有 val 或以 val 开始的属性值
E[attr~=val]	attr 属性值可以是用多个空格分隔的值，其中一个值等于 val
E[attr*=val]	attr 属性值的任意位置包含 val 即可
E[attr^=val]	表示属性值是以 val 开头的任何字符串
E[attr$=val]	attr 属性值是以 val 结尾的任意字符串，与 E[attr^=val]表示的相反

CSS 3 遵循惯用的编码规则，选用 "^" "$" 和 "*" 这三个通配符，其中 "^" 表示匹配起始符，"$" 表示匹配终止符，"*" 表示匹配任意字符。

CSS 3 保留了对 E[attr~=val]和 E[attr|=val]选择符的支持，但在实际应用中，E[attr^=val]

和 E[attr*=val]选择符更符合使用习惯。可以用 E[attr^=val]替代 E[attr|=val]，用 E[attr*=val]替代 E[attr~=val]和 E[attr|=val]。

【例 3-5】设置 class 属性值包含"test"的所有元素的背景色。HTML 代码如下：

```
<html>
<head>
  <meta charset="utf-8">
  <title>设置 class 属性值包含 "test" 的所有元素的背景色：</title>
  <style>
     [class*="test"]{background:#ffee05;}
  </style>
</head>
<body>
  <div class="first_test">welcome</div>
  <div class="second">welcome</div>
  <div class="test">welcome</div>
  <p class="test1">welcome</p>
</body>
</html>
```

以上代码在 IE 浏览器中运行的预览效果如图 3-5 所示。

图 3-5　匹配属性值的显示效果

3.3　在 HTML 中使用 CSS 样式

在 HTML 文档中使用 CSS 样式表有 3 种方法：行内样式、内部样式和外部样式，能很好地实现网页结构和显示的分离。

3.3.1　行内样式

行内样式是在 HTML 文档中使用 CSS 最简单、最直观的方法，它直接在 HTML 标记里设置样式规则，当作标记里的属性，适用于设置网页内某一小段内容的显示格式，效果是仅控制该标记，对其他标记不起作用。其语法格式如下：

```
<标记名称 style="属性:属性值;...">
```

例如：

```
<p style="font-size:12px; color:#00F">行内样式</p>
```

行内样式要书写在元素标记的 style 属性中，样式的属性和值之间用冒号(:)分隔，多个属性之间用分号(;)分隔。

注意

　　行内样式很适合用于测试样式或快速查看样式效果，但这种方法并不常用，因为这种方法无法完全发挥"内容结构和样式显示代码分离"的优势，而且也不利于样式表的重用，具有后期维护不方便，网页代码比较臃肿等问题，所以不推荐在整个文档上使用。

3.3.2　内部样式

　　内部样式是将样式表嵌入到 HTML 文件的\<head\>...\</head\>区域内，并将所有样式都书写在\<style\>元素里，在一定程度上实现了 CSS 样式与 HTML 代码分离。语法格式如下：

```
<head>
  <style type="text/css">
  选择符{属性:属性值;...}
  </style>
</head>
<body>...</body>
```

提示

　　行内样式和内部样式都属于引入内部样式表，即样式表规则只限于当前 HTML 文档，其他文档将无法使用。而且大量 CSS 嵌入在 HTML 文档中，也会导致 HTML 文档过大，不利于更新和管理。内部样式优先于行内样式。

　　【例 3-6】在 HTML 文档中使用 CSS 内部样式。HTML 代码如下：

```
<html>
<head>
    <style type="text/css">
        .hr {color: sienna; width:200px;}
        #p1 {text-align:center;}
    </style>
</head>
<body>
    <p id="p1">内部样式实例</p>
    <hr class="hr">.
</body>
</html>
```

以上代码在 IE 浏览器中运行的预览效果如图 3-6 所示。

图 3-6　内部样式使用效果

3.3.3 外部样式

将样式表定义在独立的 CSS 文件(.css)中，称为外部样式，这种样式文件可以应用于多个页面中，真正实现了 CSS 样式与 HTML 元素的分离，只需要修改链接的 CSS 文件，就可以完全改变网页的整体风格，也可以修改或调整文档，避免了很多重复性的工作，便于 CSS 样式的管理。在使用外部的样式文件时，可以利用<link>元素将其链接到 HTML 文档中。语法格式如下：

```
<link rel="stylesheet" href="*.css" type="text/css">
```

说明：使用<link>标记引入外部样式；rel 属性用于设置链接关系；href 用于设置链接的 CSS 文件的位置。

【例 3-7】外部样式的使用。

先使用 Dreamweaver 等编辑工具编写 CSS 文件 style1.css，代码如下：

```
.hr {color: sienna; width:200px;}
#p1 {text-align:center;}
```

将 CSS 文件(style1.css)链接到 HTML 文档中，代码如下：

```
<html>
<head>
  <link rel="stylesheet" type="text/css" href="style1.css">
</head>
<body>
  <p id="p1">外部样式实例</p>
  <hr class="hr">
</body>
</html>
```

以上代码在 IE 浏览器中运行的预览效果与例 3-6 的运行效果类似。

3.3.4 CSS 的优先级

在 HTML 中，同一个元素可以设置多种样式，如果各种样式中有相同的属性，但属性值不同，浏览器会按照什么顺序解析？下面介绍浏览器解析 CSS 样式的先后顺序。

(1) id 选择符的优先级高于类选择符。id 选择符和类选择符是比较常用的两种选择符，当 HTML 中同一元素同时设置了这两种样式时，id 选择符的优先级高于类选择符。

(2) 后面的样式覆盖前面的样式。同类别的选择符具有相同属性，但属性值不同，则越靠后的选择符的优先级越高。例如，在 HTML 页面中，为<p>标记设置了两个类选择符，第一个类选择符定义字体颜色为红色，第二个类选择符定义字体颜色为蓝色，经浏览器解析后，页面<p>元素中的字体最终显示为蓝色。

(3) 行内样式高于内部或外部样式。在三种样式中，行内样式的优先级最高，而内部样式和外部样式的优先级取决于它们的先后顺序。

3.3.5 常用的 CSS 3 属性前缀

CSS 3 规范很有可能会变动，CSS 3 中的功能也处于实验期。因此，为了避免命名空间冲突，新增的功能都会加上表示浏览器厂商的前缀。如圆角、渐变、阴影和变形等效果，需要在声明的部分加上下面的前缀。

(1) -webkit：webkit 核心浏览器，包括 Chrome、Safari 等浏览器。

(2) -moz：火狐(Firefox)浏览器。

(3) -ms：IE 浏览器。

(4) -o：Opera 浏览器。

W3C 标准得到了广泛推广，但仍要考虑到兼容性，所以采用通用的办法，把标准属性写在最后。例如：

```
.border_txt{-webkit-border-radius:5px;
 -moz-border-radius:5px;
 border-radius:5px;}
```

这样，即使出现不一致的情况，最后书写的符合 W3C 标准的属性，也会覆盖前面带有属性前缀的定义，能更好地保证在所有浏览器下显示效果一致。

本 章 小 结

本章主要介绍了 CSS 3 的新功能，以及目前主流浏览器对 CSS 3 的支持，可以对 CSS 3 有一个初步的理解。本章还详细讲解了 CSS 的各类选择符，包括基础选择符、伪类选择符、层次选择符、选择符组和属性选择符，以及在 HTML 文档中使用 CSS 的方法。通过本章的学习，读者可以为后续熟练使用 CSS 打下坚实的基础。

自 测 题

一、单选题

1. 正确引用外部样式表的方法是(   )。
   A. <style src="mystyle.css">
   B. <stylesheet>mystyle.css</stylesheet>
   C. <link rel="stylesheet" type="text/css" href="mystyle.css">
   D. <style href="mystyle.css">

2. 在 HTML 文档中，引用外部样式表的正确位置是(   )。
   A. 文档的末尾   B. 文档的顶部
   C. <body>部分   D. <head>部分

3. 用于定义内部样式表的 HTML 标签是(   )。
   A. <style>   B. <script>   C. <css>   D. <type>

4. 可用来定义内联样式的 HTML 属性是(   )。

    A. font   B. class
    C. styles   D. style
5. 下列选项中 CSS 语法正确的是(   )。
    A. body:color=black   B. {body:color=black(body}
    C. body {color: black}   D. {body;color:black}
6. 为所有的<h1>元素添加背景颜色的 CSS 格式是(   )。
    A. h1.all {background-color:#FFFFFF}
    B. h1 {background-color:#FFFFFF}
    C. all.h1 {background-color:#FFFFFF}
    D. all {background-color:#FFFFFF}
7. 在 CSS 中，书写注释的正确格式是(   )。
    A. //this is a comment   B. /*this is a comment*/
    C. //this is a comment//   D. 'this is a comment

二、简答题

1. CSS 基础选择符都有哪些？
2. 简述如何在 HTML 中使用 CSS。

第 **4** 章

CSS 设计布局

(1) CSS 3 的盒模型;
(2) DIV 的定位技术;
(3) 块状元素和内联元素;
(4) DIV+CSS 的布局方法;
(5) DIV 嵌套和浮动。

(1) 掌握 CSS 的盒模型;
(2) 理解 CSS 的定位方式;
(3) 学会使用 DIV 进行网页布局。

4.1 CSS 的盒模型

传统网页布局是以表格为基础的，所有网页元素都依靠表格来确定位置和外框，为整个页面建立复杂的结构。但表格布局会给网页带来很多问题，如设计复杂，修改时工作量巨大；表现代码与内容混合，可读性差等。盒模型概念的提出，使网页布局完全摆脱了表格的束缚。网页中的任何元素，无论是传统的段落、列表、标题、图片，还是标准布局中的 div 和 span 元素，甚至 html 和 body 标记元素，都可以看成一个盒子，称为盒模型，占据着一定的页面空间。

盒模型是随着 CSS 的出现而产生的一个概念。目前，盒模型是网页布局的基础，可以完整地描述元素在网页布局中占据的空间和位置。一个页面可由很多盒子组成，盒子之间会相互影响。每一个盒模型都可以由以下几个属性组合构成：width、height、margin、padding、border、display、position 和 float 等。不同类型的盒模型会产生不同的布局。

4.1.1 盒模型的结构

HTML 文档中的任何一个元素都会产生一个盒模型，每个盒模型都由 element(元素)、border(边框)、padding(内边距)、margin(外边距)四部分组成，如图 4-1 所示。利用 CSS 属性，给元素的四个盒模型区域设置值，既可以上、下、左、右单独设置，也可以使用 margin、border 和 padding 属性统一设置。在默认状态下，所有元素盒模型的初始状态：margin、border、padding、width 和 height 都为 0，背景透明。

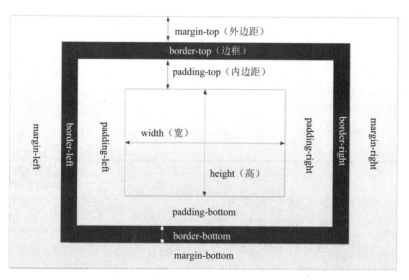

图 4-1　盒模型的结构

CSS 代码中的 width 和 height 指的是内容区域的宽和高，增加内边距、边框和外边距不会影响内容区域的尺寸，但会增加盒模型的总尺寸。因为一个盒模型的实际宽度为：margin-left + border-left + padding-left + width + padding-right + border-right + margin-right。盒模型的实际高度为：margin-top + border-top + padding-top + height + padding-bottom +

border-bottom + margin-bottom。

4.1.2　盒模型的元素类型

在页面布局时，一般会将 HTML 元素分为两种，即块级元素和行内元素。

1．块级元素

块级元素都是从新行开始，是其他元素的容器，可容纳块级元素和行内元素，可设置元素的宽(width)和高(height)。常见的块级元素有段落、标题、列表、表格、DIV 等。

2．行内元素

行内元素也称为内联元素，可以与其他行内元素位于同一行，一般不能包含块级元素，可作为其他任何元素的子元素。行内元素不能设置宽(width)和高(height)，高度是由内部的字体大小决定的，宽度由内容的长度控制。常见的行内元素有 a、em、span、strong、img、input 等。块级元素适合大块的区域排版，常用来布局页面。而行内元素适合于局部元素的样式设置，所以常用于局部的文字样式设置。

如下面的样式定义只能用于块级元素 div、p 等，a 标签等则无法使用：

```
.test{width:100px; height:100px;}
```

3．display 属性

CSS 使用 display 属性来控制盒模型的类型，改变元素的显示方式，盒模型的基本类型如表 4-1 所示。

表 4-1　盒模型的基本类型

display 属性值	描　述
none	此元素不会被显示
block	此元素将显示为块级元素，并且前后会带有换行符
inline	默认，此元素会被显示为内联元素，元素前后没有换行符
inline-block	行内块元素
list-item	此元素会作为列表显示
table	此元素会作为块级表格来显示(类似于 table 标记)，前后带换行符
inline-table	此元素会作为内联表格来显示(类似于 table 标记)，前后没有换行符

1)　display:none

display 属性若指定为 none 值，浏览器会完全隐藏这个元素，即该元素不会被显示，其占用的页面空间也会释放。与此类似的还有 visibility 属性，该属性也可用于设置元素是否显示。与 display:none 不同的是，当通过 visibility 隐藏某个 HTML 元素后，该元素占用的页面空间依然会被保留。visibility 属性的两个常用值为 visible 和 hidden，分别用于控制目标元素的显示和隐藏。

2）display:block

当 display 的值设为 block 时，元素将以块级元素显示，会独占一行，允许通过 CSS 设置高度和宽度。一些元素默认就是 block 类型的，如 div、p 元素等。

3）display:inline

当 display 的值设为 inline 时，元素将以行内形式呈现。inline 元素不会独占一行，对 CSS 设置的高度和宽度不会起作用。一些元素默认就是 inline 类型的，如 a、span 元素等。可以通过 display 将行内元素变成块级元素，设置高和宽。例如，可以给 a 标签应用以下样式：

```
a{display:block; width:100px; height:100px;}
```

4）display:inline-block

如果既想给一个元素设置宽度和高度，又想让它以行内形式显示，可以通过设置 display 的值为 inline-block 来实现，它是 inline 和 block 的综合体，inline-block 类型不会占据一行，也支持用 width 和 height 指定宽度和高度。通过使用 inline-block 类型，可以非常方便地实现多个 div 元素的并列显示。

5）display:list-item

当使用 display:list-item 时，此元素作为类似 ul 的列表显示。

【例 4-1】设置块级元素和行内元素。CSS 代码如下：

```
<style>
    .one{width:180px; height:40px;
        background-color:#0CC;
        line-height:40px;
        }
    .two{width:120px; height:30px;
        background-color:red;
        color:#fff;
        line-height:30px;
        }
    .three{width:130px; height:20px;
        background-color:#cbfeff;
        }
    .four{width:180px; height:30px;
        background-color:#03F;
        color:#ff7000;
        }
    .five{display:inline-block;
        width:180px; height:30px;
        color:#ff7000;
        }
    .six{display:block;
        width:180px; height:30px;
        color:#ff7000;
```

```
        }
</style>
```

HTML 核心代码如下：

```
<body>
    <div class="one">块级元素 div 标记</div>
    <p class="two">块级元素标记</p>
    <span class="three">行内元素 span 标记</span>
    <em class="four">行内元素 em 标记</em>
    <em class="five">em 标记以行内块元素显示</em>
    <span class="six">span 标记以块级元素显示</span>
</body>
```

在 IE 浏览器中运行相关代码的预览效果如图 4-2 所示。

图 4-2　块级元素和行内元素

4.1.3　使用 DIV

div 是 division(意为分割、区域、分组等)的简写，是一个块级元素。在 Web 标准的网页中，用 div 进行页面布局，它是双标记，以<div></div>形式存在，其间可以放置任何内容，包括其他 div 元素。

相对于表格布局，div 更加灵活，利用<div></div>可以方便地把文档分成几个不同的、独立的部分，从而有效地对各个部分进行处理。但 div 是没有任何特性的容器，需要通过CSS 对其进行样式控制，如增加边框，设置内边距、外边距等，来组成网页的每一块区域，如果有多个 div 元素，则每个 div 元素都是依次换行排列，并且是以左对齐的方式排列。在这种布局中，div 承载的是内容，而 CSS 承载的是样式。在大多数情况下，仅仅通过 div 和CSS 配合就可以完成页面的布局。

在使用 CSS 样式时，div 的属性是使用 id 或 class 属性，一般情况下，只应用其中的一种。

id 属性具有唯一性，不能重复使用，id 选择符的前缀用"#"。在网页布局中，大结构要用 id，如 Logo、Banner、导航、主体内容、版权，选择器命名规范为#logo、#banner、#nav、#content、#copyright。也就是定义 id 要尽量对网页的外围盒子使用。

class 属性可重复多次使用，在 CSS 的定义中具有普遍性。

4.1.4　外边距、内边距与边框的 CSS 设置

1. 外边距 margin

围绕在元素边框的空白区域就是外边距，用于设定相邻元素之间的距离。设置外边距的方法是使用 margin 属性，语法格式如下：

```
margin:auto|length
```

auto 表示根据内容自动调整，length 表示由浮点数和单位标识符(如像素、英寸、毫米等)组成的长度值、百分比或负值。在 CSS 中，margin 属性可以上(margin-top)、下(margin-bottom)、左(margin-left)、右(margin-right)分开设置。例如：

```
h2 {margin-top:20px; margin-right:30px; margin-bottom:30px; margin-left:
20px;}
```

也可以统一设置，即 margin 值从左到右依次为上、右、下、左的顺序，值之间用空格分隔，例如：

```
p {margin: 20px 30px 30px 20px;}
```

margin 取一个值时，如 p {margin: 20px;}，等价于 p {margin: 20px 20px 20px 20px;}，即 p 元素的外边距都为 20px。

margin 取两个值时，如 p{margin: 20px 30px;}，则第一个值代表上下边距都为 20px，第二个值代表左右边距都为 30px，等价于 p{margin: 20px 30px 20px 30px;}。

margin 取三个值时，如 p {margin: 20px 10px 30px;}，等价于 p {margin: 20px 10px 30px 10px;}。即上外边距为 20px，左右外边距为 10px，下外边距为 30px。

这里对行内元素和块级元素的外边距的影响范围说明如下。

(1) 行内元素的外边距。

当为行内元素定义外边距时，只有左右外边距对布局有影响，上下外边距对周围元素不会产生影响。

(2) 块级元素的外边距。

对于块级元素，外边距的定义对周围元素都有影响。

> **注意**
>
> 设置 margin 属性的方法同样适合内边距和边框属性的设置。

【例 4-2】设置外边距。CSS 代码如下：

```
<style>
    .one{display:inline-block;
       width:150px;
       height:80px;
       background-color:#CCC;
       margin-top:10px;
       margin-left:10px;
       margin-right:10px;
       }
```

```
    .two{background-color:#CCC;
        margin:10px;
        }
</style>
```

主要的 HTML 代码如下：

```
<body>
    <span class="one">单独设置 margin 属性</span>
    <span class="two">统一设置 margin 属性</span>
</body>
```

在 IE 浏览器中运行相关代码的预览效果如图 4-3 所示。

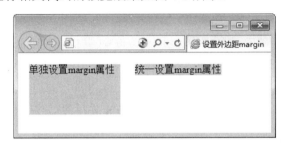

图 4-3　设置外边距

2．边框 border

元素的边框是围绕元素内容和内边距的一条或多条线，边框必须通过 border 属性设置，否则盒模型将没有边框。border 有 3 个属性，分别是边框样式、颜色和宽度。4 条边框可以统一设置，即 border：宽度 类型 颜色，属性值用空格隔开，不分先后顺序；也可以分别设置，即 border-top、border-bottom、border-left、border-right。

1)　边框样式 border-style

border-style 属性用来设置边框的显示外观，常见的有实线 solid、虚线 dashed、点状线 dotted 等。边框样式如表 4-2 所示。

表 4-2　边框样式的属性值及描述

属 性 值	描　　述
none	不显示边框(默认值)
dotted	定义点状边框
dashed	定义虚线
solid	定义实线
double	定义双线，双线的宽度等于 border-width 的值
groove	定义 3D 凹槽边框
ridge	定义 3D 突出边框
inset	定义 3D 凹进边框，使得对象看起来嵌入了页面
outset	定义 3D 凸起边框，使得对象看起来凸起

如果 4 条边框设置相同的样式，则给 border-style 设定一个样式即可；也可以给 4 条边

框分别设置样式，即为 border-style 设置多个值。或用 border-style-top、border-style-left、border-style-right、border-style-bottom 分别设置。

2) 边框宽度 border-width

border-width 用于设置边框的宽度，其语法格式如下：

```
border-width: thin|medium|thick|<length>
```

medium 是默认宽度；thin 为小于 medium 的细边框；thick 为大于 medium 的粗边框；length 则是由数字和单位组成的长度值，不可为负值。

border-width 可以设置 4 条边框宽度相同，也可以根据需要为 4 条边框设置不同的宽度。

3) 边框颜色 border-color

border-color 属性用于设置边框的颜色，它的值可以是十六进制值的颜色(如#000000)，也可以是 RGB 颜色值，或者是 CSS 规定的颜色名称(如 red)。

同样，border-color 可以设置 4 条边样式相同，也可分别设置不同的颜色。

> **注意**
>
> 只有设置了 border-style 属性，border-width 和 border-color 属性才起作用。

4) border

如果觉得分别设置边框样式、宽度和颜色的方法过于烦琐，可以使用 border 属性一次性设置边框的所有属性，例如：

```
border: 2px solid #ff0000;
```

这是一种通用的设置方法，元素所有边框的颜色、样式、宽度都一样，属性值之间用空格分隔，而且没有先后顺序之分。

【例 4-3】边框属性综合示例。CSS 代码如下：

```
<style>
    .border1{border-style:dotted;
        border-width:5px;
        border-color:#C60;
        }
    .border2{border: 3px double rgb(250,0,255)}
    .border3{border-style:dashed solid;
        border-bottom-color:#0C0;
        border-top-width:thin;
        }
    .border4{border-style:ridge;
        border-width:5px;
        border-color:#FF0;
        }
    .border5{border-style:groove;
        border-color: #ff0000 #00ff00 #0000ff;
        }
</style>
```

主要的 HTML 代码如下：

```
<body>
<span class="border1">A dotted border</span>
<p class="border2">A dashed border</p>
<p class="border3">border3</p>
<div class="border4">border4</div>
<p class="border5">border5</p>
</body>
```

在 IE 浏览器中运行相关代码的预览效果如图 4-4 所示。

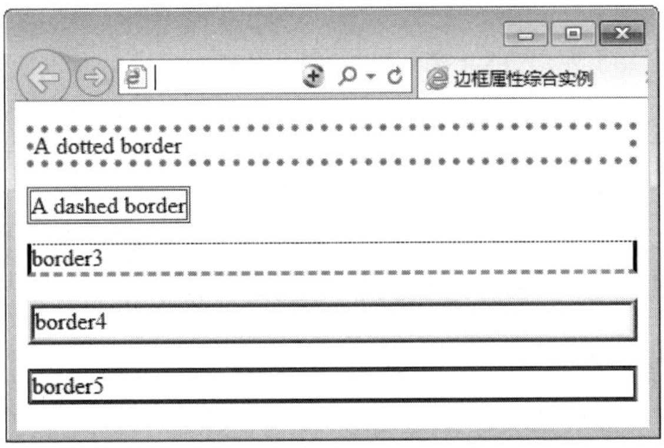

图 4-4　设置边框属性

3．内边距 padding

内边距是指填充内容与边框之间的部分，用 padding 属性来设定，也可以用 padding-top、padding-bottom、padding-left、padding-right 属性分别设置盒模型的上、下、左、右内边距。语法格式如下：

```
padding:间隔值
```

间隔值可以是长度值或百分比，不能取负值。

【例 4-4】内边距的设置。CSS 代码如下：

```
<style>
    .test1 {padding:1.5cm;
        border: 1px solid #00C;
        margin:10px;}
    .test2 {padding: 0.5cm 2.5cm;
        border: 1px solid #F00;}
</style>
```

主要的 HTML 代码如下：

```
<body>
  <div class="test1">这个盒模型的每个边拥有相等的内边距。</div>
  <div class="test2">盒模型的上和下内边距是 0.5cm，左和右内边距是 2.5cm。</div>
</body>
```

在 IE 浏览器中运行相关代码的预览效果如图 4-5 所示。

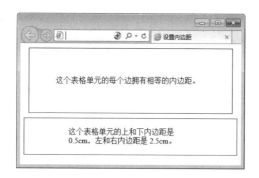

图 4-5　设置内边距

4.1.5　CSS 3 对盒模型边框的完善

CSS 3 对原有的盒模型功能进行了完善，如新增加了创建圆角边框(border-radius)、图片边框(border-image)、给盒模型添加阴影(box-shadow)等功能。

1. border-radius 属性

圆角边框的绘制是 Web 中经常用来美化页面效果的手法之一。在 CSS 3 之前，需要使用图像文件才能达到同样的效果。

在 CSS 3 中，通过 border-radius 属性指定圆角半径。使用 border-radius 属性后，不管边框是什么样式，都会将边框沿着圆角曲线进行绘制。

语法格式如下：

```
border-radius: none | <length>{1,4} (none 是默认值)
```

none 表示没有圆角，<length>表示由浮点数和单位标识符组成的长度值，不可取负值。为了方便定义元素的 4 个角为圆角，border-radius 属性派生出了 4 个子属性。

(1) border-top-right-radius：定义右上角的圆角。

(2) border-top-left-radius：定义左上角的圆角。

(3) border-bottom-left-radius：定义左下角的圆角。

(4) border-bottom-right-radius：定义右下角的圆角。

可以用这 4 个子属性分别设定边框的 4 个角，也可以用 border-radius 属性统一设定。

【例 4-5】利用 border-radius 属性设定 div 元素的圆角边框。

CSS 代码如下：

```
<style>
  div{text-align:center;
    padding: 10px 40px;
    background:#dddddd;
    width:350px;
    height:100px;
    border: 2px solid #a1a1a1;
    border-radius:25px;
    }
</style>
```

在 IE 浏览器中运行相关代码的预览效果如图 4-6 所示。

图 4-6　边框圆角的设计

【例 4-6】定义 div 元素左上角 45 像素的圆角。

CSS 代码如下：

```
<style>
div{text-align:center;
    padding: 10px 40px;
    background:#dddddd;
    width:100px;
    height:100px;
border-top-left-radius:45px;
}
</style>
```

在 IE 浏览器中运行相关代码的预览效果如图 4-7 所示。例子中没有使用 border-radius 属性设置边框，这时浏览器将把背景的某个角绘制为圆角。

图 4-7　定义某个顶角的圆角样式

2．border-image 属性

使用 border-image 属性可以给任何元素(除了 border-collapse 属性值为 collapse 的 table 元素之外)设置任何图片效果边框。

border-image 属性的语法格式如下：

```
border-image: none | <image>[<image> | <percentage>] {1,4} [stretch | repeat
| round]{0,2}
```

(1)　none：默认值，表示边框无背景图片。

（2）image：设置背景图片，与 background-image 一样，可以使用相对地址或绝对地址，来指定边框的背景图片。

（3）number：number 是一个数值，用来设置边框或边框背景图片的大小，其单位是像素，可以使用 1~4 个值，表示 4 个方位的值。

（4）percentage：使用百分比设置边框或边框背景图片的大小。

（5）stretch、repeat、round：这三个参数用来设置边框背景图片的铺放方式，类似 background-repeat。其中 stretch 会拉伸边框背景图片、repeat 会重复边框背景图片、round 是平铺边框背景图片。其中 stretch 为默认值。

【例 4-7】border-image 属性的一个简单应用。CSS 代码如下：

```
<style>
    div{width:300px;
        height:80px;
        border: 30px solid;
        float:left;
        }
    .border-img-round{border-image: url(images/a1.jpg) 30 round;}
    .border-img-repeat{border-image: url(images/a1.jpg) 30 repeat;}
    .border-img-stretch{border-image: url(images/a1.jpg) 30 stretch;}
</style>
```

主要的 HTML 代码如下：

```
<body>
    <div class="border-img-round"></div>
    <div class="border-img-repeat"></div>
    <div class="border-img-stretch"></div>
    <div class="border-img"></div>
    原图片: <img src="images/a1.jpg">
</body>
```

在 IE10 浏览器中运行相关代码的预览效果如图 4-8 所示。

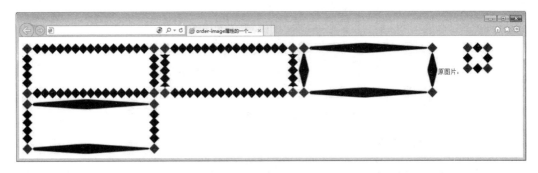

图 4-8　border-image 属性的一个简单应用

3. box-shadow 属性

box-shadow 是 CSS 3 新增的一个重要属性，用来定义元素的盒模型阴影。
语法格式如下：

```
box-shadow: none | h-shadow v-shadow blur spread color inset
```

(1)　none：默认值，元素没有任何阴影效果。

(2)　inset：设置阴影的类型为内阴影，如果不设置 inset，则默认为外阴影。

(3)　h-shadow：表示阴影水平偏移量，可以取负值。如果取正值，则阴影在元素的右边；取负值，阴影在元素的左边。

(4)　v-shadow：表示阴影垂直偏移量，可以取负值。如果取正值，则阴影在元素的底部；取负值，则阴影在元素的顶部。

(5)　blur：表示阴影的模糊度，可选项，只能取正值，值越大，阴影的边缘就越模糊。

(6)　spread：表示阴影的尺寸，可选项，可以取正负值。如果取正值，则整个阴影都延展扩大；取负值，则整个阴影都缩小。

(7)　color：表示阴影的颜色，可选项，如果不设置颜色，浏览器会取默认色。但各浏览器的默认色不一样，有的可能是透明色，所以建议不要省略这个参数。

> **注意**
>
> 盒模型阴影效果在各浏览器下的显示效果略有细微差别。

【例 4-8】定义阴影位移、大小和阴影颜色。CSS 代码如下：

```
<style>
  div{width:100px;
    height:100px;
    background-color:#ff9900;
    box-shadow: 10px 10px 10px #888888;
    }
</style>
```

在 IE 浏览器中运行相关代码的预览效果如图 4-9 所示。

图 4-9　设定阴影的显示效果

【例 4-9】设置盒模型的内阴影。CSS 代码如下：

```
<style>
  .div-shadow{width:300px;
    height:100px;
    border: 1px solid #ccc;
    border-radius:5px;
    box-shadow: inset 3px 3px 10px #06c;
    }
</style>
```

在 IE 浏览器中运行相关代码的预览效果如图 4-10 所示。

图 4-10　设置盒模型的内阴影

4.2　网页元素的定位

网页中，各元素都必须有自己的位置，从而搭建出整个页面的结构。由于盒模型自身的限制，没办法在网页中随意摆放元素，可以借助 CSS 提供的定位方式来解决。

4.2.1　定位属性 position

CSS 中使用 position 属性对页面中的元素进行定位。语法代码如下：

```
position: static | absolute | fixed | relative (static 是默认值)
```

(1)　static：表示无定位，元素出现在正常流中。在 static 设置下，无法通过坐标值(top、left、right、bottom)来改变它的位置，z-index 属性也不起作用。

(2)　absolute：表示采用了绝对定位。

(3)　fixed：表示固定定位，与绝对定位相似，但不会随着滚动条的拖动而变化位置，是相对于浏览器窗口进行定位的。

(4)　relative：表示相对定位。

1．绝对定位

绝对定位是使用 position:absolute，可以将一个元素放在固定的位置上，是网页精准定位的基本方法。

绝对定位使元素的位置与文档流无关，因此不占据空间。

绝对定位是参照已定位的父元素(若没有定位的父元素，则相对于浏览器定位)进行定位，元素的位置通过 left、top、right、bottom 属性进行设置，结合 z-index 属性排列元素的覆盖顺序。

【例 4-10】使用绝对定位 position:absolute;。CSS 代码如下：

```
<style>
 div{width:350px;
   height:200px;
   border: 1px solid #069;
   margin:20px;
   position:absolute;
```

```
    }
  .pos_abs{position:absolute;
   left:100px;
   top:120px;
   color:#C03;
    }
</style>
```

主要的 HTML 代码如下：

```
<body>
  <div>
    <h3 class="pos_abs">这是带有绝对定位的标题</h3>
<p>通过绝对定位，元素可以放置到页面上的任何位置。下面的标题距离 div 元素左侧 100px，距
离 div 元素顶部 120px。</p>
</div>
</body>
```

在 IE 浏览器中运行相关代码的预览效果如图 4-11 所示。如果将本例中 div 的定位属性 position 去掉，则 h3 元素将以浏览器的左上角作为参考进行定位，读者自行验证。

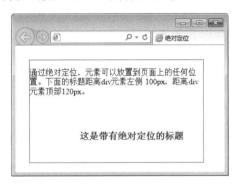

图 4-11 绝对定位的显示效果

2. 相对定位

通过 position:relative 来实现元素的相对定位，相对于其正常位置进行定位，元素不脱离正常的文档流，却能通过坐标值 left、top、right、bottom 属性进行偏移，但原始位置所占据的空间仍被保留，并没有被其他元素挤占。

注意

left、top、right、bottom 的坐标属性值可以取负值，如 left:-100px;表示向左偏移 100 像素。负值表示向左、向上偏移；正值表示向右、向下偏移。

【例 4-11】使用相对定位 position:relative;。CSS 代码如下：

```
<style>
div{width:350px;
   height:200px;
   border: 1px solid #069;
   margin:20px; }
.pos_abs{position:relative;
```

```
    left:100px;
    top:120px;
    color:#C03;}
</style>
```

主要的 HTML 代码如下：

```
<body>
 <div>
    <h3 class="pos_abs">这是带有相对定位的标题</h3>
    <p>通过相对定位，这个标题相对于其正常位置向右侧偏移 100px，向下偏移 120px。</p>
 </div>
</body>
```

在 IE 浏览器中运行相关代码的预览效果如图 4-12 所示。从运行效果可以看出，h3 元素没有偏移前的初始位置仍然保留，并没有被后面的元素挤占。

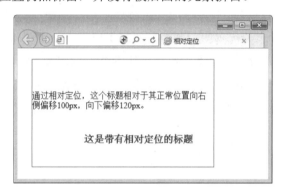

图 4-12　相对定位的显示效果

4.2.2　float 浮动定位

1. float 浮动

网页中除了可以用 position 属性定位外，还可以使用 float 属性进行浮动定位，定义元素向左或向右浮动，在 CSS 中，任何元素都可以浮动。

语法格式如下：

```
float: left | right | none | inherit (none 是默认值，表示不浮动)
```

left 表示向左浮动，right 表示向右浮动，inherit 表示从父元素继承 float 属性值。

当一个元素被设置为浮动后，元素本身的属性也会发生一些改变。

(1) 布局环绕。当元素浮动后，它原来的位置就会被下面的对象挤占，这时，上移的对象会自动围绕在浮动元素的周围，形成一种环绕关系。

(2) 空间的改变。当元素浮动显示时，该元素就会自动收缩自身体积为最小状态。如果该元素被定义了高度和宽度，则按设置的高宽值进行显示；如果浮动元素包含了其他对象，则元素体积会自动收缩到仅能容纳所包含的对象大小；如果没有设置大小或没有任何包含对象，浮动元素将会缩小为一个点，甚至不可见。

(3) 位置的改变。当元素设置成浮动后，由于所占空间大小的变化，会使其自动地向左或向右浮动，直至遇到其父级元素的边框或内边距，或者遇到相邻浮动元素的外边距或边框时，才会停下来。

2. 清除浮动

浮动布局打破了原有网页元素的显示状态，可能会使页面出现杂乱无章的现象。CSS为了解决这个问题，又定义了 clear 属性，用来清除浮动。

语法格式如下：

```
clear: left | right | both | none  (none 为默认值)
```

none 表示允许元素两边都可以有浮动对象，left 表示不允许左边有浮动现象，right 表示不允许右边有浮动现象，both 表示完全不允许有浮动对象。

【例 4-12】清除某元素的浮动属性。CSS 代码如下：

```
<style>
  img { float:left; }
  .clear{clear:both;}
</style>
```

主要的 HTML 代码如下：

```
<body>
  <img src="images/zheng.jpg" />
  <img src="images/zheng.jpg" />
  <img src="images/zheng.jpg" class="clear" />
</body>
```

在 IE 浏览器中运行相关代码的预览效果如图 4-13 所示。

图 4-13　清除浮动的显示效果

【例 4-13】CSS 定位方式综合示例。CSS 代码如下：

```
<style>
  pos_abs{position:absolute;
    left:100px;
    top:120px;}
  .pos_left{position:relative; left:20px;}
  .one{position:fixed;
    left:150px;
    top:180px;}
  .right{float:right;
    border: 1px solid #0C3;}
</style>
```

主要的 HTML 代码如下：

```
<body>
  <h2 class="right">这个标题右浮动</h2>
  <p>这是位于正常位置的元素</p>
  <h2 class="pos_abs">这是带有绝对定位的标题</h2>
  <p class="pos_left">这个元素相对于其正常位置向左移动 20px</p>
  <p class="one">固定定位，不随着滚动条拖动而移动</p>
</body>
```

在 IE 浏览器中运行相关代码的预览效果如图 4-14 所示。

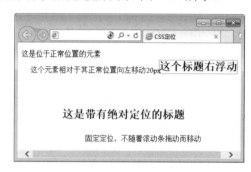

图 4-14　CSS 定位综合示例的显示效果

4.2.3　其他 CSS 布局定位方式

1. 内容溢出 overflow

使用 overflow 属性来指定盒模型容纳不下的内容的显示方法。
语法：

```
overflow: visible | hidden | scroll | auto | inherit
```

visible 为默认值，表示内容如果溢出，则溢出内容可见，并呈现在元素框之外；hidden 表示溢出的内容将被隐藏；scroll 保持元素框大小，在框内应用滚动条显示内容；auto 等同于 scroll，表示在需要时应用滚动条。

> **注意**
>
> 也可以使用 overflow-x 属性或 overflow-y 属性，来单独指定在水平方向或在垂直方向上内容超出盒模型的容纳范围时的显示方法，与 overflow 属性的使用方法相似。

【例 4-14】overflow 属性的应用。CSS 代码如下：

```
<style>
  p {width:150px; height:50px;
    overflow:scroll;
    border: 1px solid #06C
    }
  div {background-color:#CCF;
    width:150px;
    height:50px;
    overflow:hidden;
```

```
    }
</style>
```

主要的 HTML 代码如下：

```
<body>
  <p>如果元素中的内容超出了给定的宽度和高度属性，overflow 属性可以确定是否显示滚动条等
行为。</p>
  <div>这个属性定义溢出元素内容区的内容会如何处理。如果值为 scroll，不论是否需要，用户
代理都会提供一种滚动机制。默认值是 visible。</div>
</body>
```

在 IE 浏览器中运行相关代码的预览效果如图 4-15 所示。

2. 层叠顺序 z-index

CSS 可通过 z-index 属性来排列不同定位元素之间的层叠顺序。
语法：

```
z-index: auto | number
```

图 4-15　内容溢出的
显示效果

z-index 属性用于设定层的先后顺序和覆盖关系，z-index 值大
的层覆盖 z-index 值小的层。z-index 值如果为 1，表示该层位于最
底层。

【例 4-15】z-index 的使用。CSS 代码如下：

```
<style>
  img{width:120px;
    height:120px;
    position:absolute;
    left:0px;
    top:0px;
    z-index:-1
    }
</style>
```

主要的 HTML 代码如下：

```
<body>
  <h1>这是一个标题</h1>
  <img src="images/t1.jpg"/>
  <p>默认的 z-index 是 0。Z-index-1 拥有更低的优先级。</p>
</body>
```

在 IE 浏览器中运行相关代码的预览效果如图 4-16 所示。

图 4-16　z-index 的测试效果

4.3 DIV+CSS 常用的布局方式

DIV + CSS 是 Web 设计标准，是目前很常用的网页布局方法，使用 div 标记可以将页面分隔为若干个独立的区域，例如上中下结构，左右两列结构或三列结构，用来存放不同的内容，再利用 CSS 丰富的样式来美化页面，从而实现了页面内容与表现分离，提高了页面加载速度，相对于传统的表格定位布局有很多优势，应用更加方便，浏览速度更快。

在网页设计中，一般情况下的网站都是上中下结构，即上面是页面头部，中间是页面内容，最下面是页脚，把整个结构放在一个 div 容器中，方便进行控制和整体调整。页面头部一般存放 Logo 和导航菜单，页面内容包含页面要展示的信息、链接和广告等，页脚存放的是版权信息和联系方式等。页面总体结构确定后，一般情况下，页头和页脚变化不大，页面主体部分要根据页面展示的内容，决定中间布局采用什么样式，如两列布局、三列布局等。

DIV + CSS 布局方法有很多，下面介绍在网页设计中常用的布局结构。

4.3.1 单列水平居中布局

单列布局结构是最简单的布局方式，是所有网页布局的基础，一般情况下，需要在浏览器中水平居中显示。

使用<div>水平居中的方法有很多，常用的方法是用 CSS 设置 div 的左、右外边距的值为 auto(自动)，表示左外边距和右外边距相等，达到了水平居中的效果。

语法格式如下：

```
margin: 0 auto;
```

页面布局时要考虑页面内容的宽度，由于用户计算机的显示分辨率各有不同，如果内容宽度超过了显示宽度，页面就会出现水平滚动条，不符合用户的浏览习惯。对于高度，我们不需要考虑，由页面的内容决定网页高度。

1) 宽度固定

div 在默认情况下，宽度占据整行空间，定义单行单列 div 尺寸时，用 width 属性设置其宽度，用 height 属性设置其高度，常以像素(px)作为尺寸单位。例如宽度属性 width: 100px；高度属性 height:100px。

【例 4-16】单行单列居中布局。div 元素的 CSS 代码如下：

```
<style>
.box{width:180px;
    height:100px;
    border: 1px solid #00F;
    background-color:#CCC;
    margin:0 auto;}
</style>
```

在 IE 浏览器中运行相关代码的预览效果如图 4-17 所示。

网页单列布局模式在页面整体布局中应用比较广，也称为"网页 1-1-1 型布局模式"，这种布局模式中需要设置三个盒模型，宽度固定。并且通过设置 margin: 0 auto(左右 margin 都设置为 auto)实现居中布局。

图 4-17　单行单列居中布局的显示效果

下面通过一个示例来加深理解这种布局模式。

【例 4-17】网页 1-1-1 型布局模式。CSS 代码如下：

```
<style>
  body{margin:0; padding:0;
      font-size:30px
      }
  div{text-align:center;
      font-weight:bold
      }
  .head, .main, .footer{width:960px;
      margin: 0 auto
      }
  .head{height:100px;
      background:#ccc
      }
  .main{height:600px;
      background:#FCC;
      }
  .footer{height:50px;
      background:#9CF;
      }
</style>
```

主要的 HTML 代码如下：

```
<body>
  <div class="head">head</div>
  <div class="main">main</div>
  <div class="footer">footer</div>
</body>
```

在 IE 浏览器中运行相关代码的预览效果如图 4-18 所示。

2)　宽度自适应

自适应布局是根据浏览器窗口的大小，自动调整其宽度或高度，布局非常灵活，对于分辨率不同的显示器能提供最好的显示效果。宽度自适应通过设置 width 属性值为百分比即可实现。例如：width:65%。

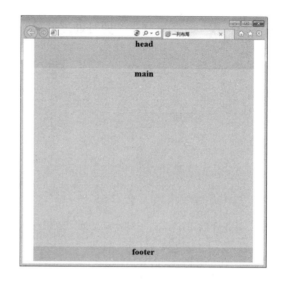

图 4-18   "1-1-1 型"布局模式的显示效果

4.3.2   浮动的布局

<div>是块级元素，占据网页中的一行，要实现多列在一行的布局结构，需要使用 float 属性灵活地定位 div 元素。在对前面的 div 元素设置浮动属性后，当前面的 div 元素有足够的空白宽度时，后面的 div 将自动浮动上来，和前面的 div 元素在一行，实现多列布局。

1）   固定宽度

【例 4-18】设置两列固定宽度。div 元素的 CSS 代码如下：

```
<style>
    .box1{width:100px;
       height:100px;
       border: 5px solid #00F;
       background-color:#CCC;
       float:left;
       }
    .box2{width:100px;
       height:100px;
       border: 5px solid #F00;
       background-color:#999;
       float:left;
       }
</style>
```

在 IE 浏览器中运行相关代码的预览效果如图 4-19 所示。

例 4-18 中设置两个 div 元素左浮动，实现了两列于一行布局，第 2 个 div 元素紧贴着第 1 个 div 元素，要想让两个 div 元素之间有间距，可以用 margin 设定。图 4-20 所示为设置第 2 个 div 元素右浮动。

> **注意**
>
> 如果两个 div 元素上下放置，则两个 div 元素的边距将会合并，以较大的边距为准。

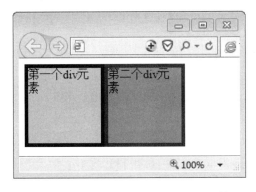

图 4-19　两个 div 元素都左浮动的显示效果

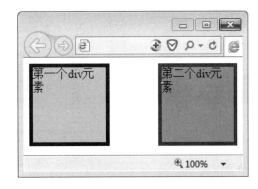

图 4-20　第 2 个 div 元素右浮动的显示效果

2）　自适应宽度

常见的网页布局结构是采用二分法，即左侧一般为导航，右侧为内容，两列的宽度都可以设定为百分比值。但由于 CSS 盒模型的真实宽度是由内容的宽度、左右内边距、左右边框、左右外边距相加组成的，所以在设定宽度百分比值时，要把这些因素考虑进去，总的宽度不要超过浏览器窗口的宽度。

【例 4-19】设置两列宽度自适应。div 元素的 CSS 代码如下：

```
<style>
.box1{width:30%; height:100px;
    border: 5px solid #00F;
    background-color:#CCC;
    float:left;
    }
.box2{width:60%; height:100px;
    border: 5px solid #F00;
    background-color:#999;
    float:left;
    }
</style>
```

在 IE 浏览器中运行相关代码的预览效果如图 4-21 所示。

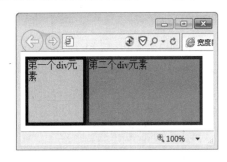

图 4-21　宽度自适应的显示效果

如果去掉两个 div 元素的边框和边距，即可设定左列 div 的宽度为 30%，右列的宽度为 70%，就可以达到满屏的效果，如图 4-22 所示。

图 4-22　两列总宽度为 100%

也可以设定左列 div 宽度固定，右列将根据浏览器窗口的大小自动适应，示例如下。

【例 4-20】设置左列宽度固定，右列宽度自适应。div 元素的 CSS 代码如下：

```
<style>
 .box1{width:100px; height:100px;
  background-color:#CCC;
  float:left;
  }
 .box2{height:100px;
  background-color:#999;
  margin-left:110px;}
</style>
```

在 IE 浏览器中运行相关代码的预览效果如图 4-23 所示。

图 4-23　左列固定、右列自适应的显示效果

4.3.3　div 嵌套布局

div 嵌套通俗地讲，就是在一个大的 div 容器里包含一个或多个 div 元素，使用 div 嵌套可以实现复杂的页面布局。

【例 4-21】使用 div 嵌套。CSS 代码如下：

```
<style>
    .contain {width:200px; height:160px;
       margin:20px;
       padding: 10px 20px 10px 20px;
       border: 1px solid #FF6600;
       text-align:center;
       }
    .inner_contain {width:150px;height:30px;
```

```
    border: 1px solid #009966;
    }
</style>
```

主要的 HTML 代码如下：

```
<body>
  <div class="contain">
    <div class="inner_contain">嵌套第一个 div</div>
    <div class="inner_contain">嵌套第二个 div</div>
    <div class="inner_contain">嵌套第三个 div</div>
  </div>
</body>
```

在 IE 浏览器中运行相关代码的预览效果如图 4-24 所示。

图 4-24　div 嵌套的显示效果

> **注意**
>
> text-align:center 这个属性在 IE8 以上和火狐浏览器中不能够使内部的 div 块也居中。为了让内部的 div 也居中，可以给内部的 div 块使用 margin: 0px auto 属性，即：
>
> ```
> .inner_contain{width:150px; height:30px;
>    border: 1px solid #009966; margin: 0px auto;}
> ```

【例 4-22】利用 DIV + CSS 布局一个简单的网页。CSS 代码如下：

```
<style>
  div.container{width:100%;
    margin: 0 auto;
    border: 1px solid gray;
    line-height:150%;
    }
  div.header,div.footer{padding:0.5em;
    color:white;
    background-color:gray;
    clear:left;
    }
  h1.header{padding:0;
    margin:0;}
  div.left{float:left;
    width:160px;
```

```
    margin:0;
    padding:1em;
    }
  div.content{margin-left:190px;
    border-left: 1px solid gray;
    padding:1em;
    }
</style>
```

主要的 HTML 代码如下：

```
<body>
  <div class="container">
    <div class="header"><h1 class="header">W3School.com.cn</h1></div>
    <div class="left">
      <p>"Never increase, beyond what is necessary, the number of
entities required to explain anything." William of Ockham (1285-1349)
</p>
    </div>
    <div class="content">
      <h2>Free Web Building Tutorials</h2>
      <p>At W3School.com.cn you will find all the Web-building tutorials
you need, from basic HTML and XHTML to advanced XML, XSL,
Multimedia and WAP.</p>
      <p>W3School.com.cn - The Largest Web Developers Site On The Net!
</p>
    </div>
    <div class="footer">Copyright 2008 by YingKe Investment.</div>
  </div>
</body>
```

在 IE 浏览器中运行相关代码的预览效果如图 4-25 所示。

图 4-25　DIV + CSS 布局网页的显示效果

4.3.4　CSS 3 多列布局

当网页中有大量文字时，建议分列显示以方便阅读，而多个 div 标记使用 float 属性和

position 属性实现文本的多列布局有一个明显的缺点，就是各列的 div 元素都是独立的。当第一个 div 元素中添加内容时，会使两列元素的底部不能对齐，可能会多出一些空白区域，从而给页面布局带来麻烦，这种情况在多列文章排版时尤其明显。但使用 CSS 3 多栏布局特性，就可以解决这个问题。

CSS 3 多列布局的基本属性如表 4-3 所示。

表 4-3　CSS 3 多列布局的基本属性

属　性	描　述
columns	设置 column-width 和 column-count 的简写属性
column-width	规定列的宽度
column-count	规定元素应该被分隔的列数
column-rule	设置所有 column-rule 属性的简写属性
column-rule-color	规定列之间规则的颜色
column-rule-style	规定列之间规则的样式
column-rule-width	规定列之间规则的宽度
column-fill	规定如何填充列
column-gap	规定列之间的间隔

1. columns 属性

columns 是多列布局的基本属性，可以同时定义列数和每列的宽度，相当于同时指定 column-width 和 column-count 属性。也可以使用 column-width 和 column-count 属性分别定义列数和宽度。目前，Webkit 引擎支持-webkit-columns 私有属性，Mozilla Gecko 引擎支持-moz-columns 私有属性。例如：

```
div{-moz-columns: 100px 3; /* Firefox */
    -webkit-columns: 100px 3; /* Safari and Chrome */
    columns: 100px 3;
}
```

2. column-gap 属性

column-gap 属性可以定义两列之间的间距，类似于盒模型中的 margin 属性。
语法格式如下：

```
column-gap: normal | <length>
```

normal 为默认值，W3C 推荐 normal 值相当于 1em；length 是由浮点数和单位标识组成的长度值，主要用来设置列与列之间的距离，常用 px、em 为单位，但不能取负值。

3. column-rule 属性

column-rule 属性主要是用来同时定义列与列之间的边框宽度(column-rule-width)、边框样式(column-rule-style)和边框颜色(column-rule-color)。但 column-rule 不占用任何空间位置，改变列与列之间的宽度不会改变列的位置。也可以分别定义这三个属性。

(1) column-rule-width：用来定义列边框的宽度，其默认值为 medium，可以取任意浮点数，也可以使用关键字 medium、thin 和 thick，但不能取负值。

(2) column-rule-style：定义列边框样式，其默认值为 none。属性值还包括 dotted、dashed、solid、double、groove、ridge、inset、outset，与 border-style 属性值相同。

(3) column-rule-color：用来定义边框颜色，其默认值为前景色 color 的值，也可以设置透明色(transparent)。

4．column-fill 属性

column-fill 属性主要用来定义多列中每一列的高度是否统一。

语法格式如下：

```
column-fill: auto | balance
```

auto 为默认值，表示各列的高度随其内容的变化自动变化；balance 表示各列的高度将根据内容最多的一列的高度进行统一。

【例 4-23】实现文本的多列布局。div 元素的 CSS 代码如下：

```
<style>
.newspaper{-moz-column-count:3; /* Firefox */
    -webkit-column-count:3; /* Safari and Chrome */
    column-count:3;
    column-gap:20px;
    column-rule: #009 dashed 1px;}
</style>
```

在 IE10 浏览器中运行相关代码的预览效果如图 4-26 所示。

图 4-26　CSS 3 多列布局的显示效果

> **注意**
>
> IE10 和 Opera 浏览器支持多列属性；Firefox 浏览器需要前缀-moz-；Chrome 和 Safari 需要前缀-webkit-。IE9 以及更早版本不支持多列属性。

4.4　列表元素布局

随着 HTML 和 CSS 技术的发展，列表布局以其独特的优势，在完成网页菜单栏和导航

条的制作等方面发挥着越来越大的作用。

【例 4-24】利用列表元素设计水平导航条。CSS 代码如下：

```
<style>
 ul{list-style-type:none;
  margin:0; padding:0;
  overflow:hidden;}
 li{float:left;}
 a:link,a:visited{display:block;
  width:120px;
  font-weight:bold;
  color:#FFFFFF;
  background-color:#bebebe;
  text-align:center;
  padding:4px;
  text-decoration:none;
  text-transform:uppercase;}
 a:hover,a:active{background-color:#F60;}
</style>
```

主要的 HTML 代码如下：

```
<body>
<ul>
 <li><a href="#">首页</a></li>
 <li><a href="#">新闻中心</a></li>
 <li><a href="#">服装城</a></li>
 <li><a href="#">电子书</a></li>
 <li><a href="#">促销</a></li>
 <li><a href="#">社区服务</a></li>
</ul>
</body>
```

在 IE10 浏览器中运行相关代码的预览效果如图 4-27 所示。

图 4-27　水平导航条的制作效果

　　虽然超链接元素是行内元素，但本例中，用 CSS 将其转换为块状元素(display:block)，然后设置其宽度和高度，这样就<li>元素只需要设置其浮动属性，使<li>列表项水平显示即可。该例中，鼠标指针经过超链接时，背景变成红色。同时，在使用 CSS 制作导航条时，需要将 list-style-type 属性的值设置为 none，即去掉列表项前的项目符号。

4.5　上机实训：布局电商网站首页(制作盒模型)

　　网页都是由很多模块组成的，这样可以使网页看起来非常有条理。电子商务网站所要实现的功能较多，模块组成也相对复杂。本案例的电商网站首页布局如图 4-28 所示，IE 浏览器中的预览效果如图 4-29 所示。本章综合案例只完成首页的结构布局。

图 4-28　首页布局

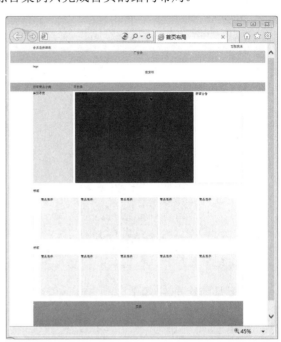

图 4-29　IE 浏览器中的效果

4.5.1　布局网页的总体结构

首页的总体结构采用上、中、下布局形式。

1．网页头部

网页头部包括顶部区域、广告条、Logo 区域、信息搜索模块和导航菜单栏模块。

2．网页主体

网页主体内容较多，包括左侧商品分类导航、轮播商品图片展示、商品分类模块、商品展示模块、商品公告模块等。

3．网页底部

网页底部主要是客户服务和友情链接模块，用于解决各种客户服务问题等。

使用 HTML 5 和 DIV + CSS 布局首页，其总体结构的 HTML 代码如下：

```
<!doctype html>
<html>
<head>
<meta charset="utf-8">
<title>首页布局</title>
<link rel="stylesheet" type="text/css" href="headercss.css">
</head>
```

```
<body>
  <header class="head15"></header><!--网页头部-->
  <div class="content"></div><!--网页主体-->
  <footer></footer><!--页脚-->
</body>
</html>
```

上述代码完成了整个网页大框架的建立。

4.5.2　头部区域的结构分析及布局

网页头部包括顶部区域、广告条、Logo 模块、搜索模块、导航菜单栏模块。

1)　网页头部的结构

网页头部采用 header 标签嵌套 div 标签的方式进行设计，HTML 代码如下：

```
<header class="head15"><!--页头-->
<div class="head15_top">
<div class="head15_top_box">
<div class="login15">会员注册登录</div>
<div class="head15_menu">顶部菜单</div>
</div>
</div>
<div class="head15_top_bar">广告条</div>
<div class="box1100">
<div class="head15_logo_box">
<div class="logo">logo</div>
<div class="head15_search">搜索框</div>
</div>
</div>
<nav class="head15_menu_bg">
<div class="head15_menu_box">
<div class="head15_menu_all_OnlineCategory">所有商品分类</div>
<div class="head15_menu_big">导航条</div>
</div>
</nav>
</header>
```

2)　编写网页头部区域的 CSS 代码

顶部菜单的 CSS 代码如下：

```
div{display:block;}
.head15 {width:100%; float:left;
    color:#3e4141;
    }
.head15_top{width:100%;
    float:left;
    border-bottom: 1px solid #FC3;
    background-color:#FFC;
    }
.head15_top_box{width:1100px;
    margin: 0 auto;
```

```
position:relative;
    z-index:79;
    }
.head15_top .login15{color:#3e4141;
    line-height:30px;
float:left;
    margin-right:20px;
    }
.head15_menu{float:right;}
```

广告条的 CSS 代码如下：

```
.head15_top_bar{width:100%; height:60px;
    text-align:center;
    float:left;
    position:relative;
    background-color:#0FF;
    }
```

Logo 模块和搜索模块的 CSS 代码如下：

```
.box1100{width:1100px;
    margin: 0 auto;
    }
.head15_logo_box{width:1100px;
    float:left;
    padding:10px 0 20px;
    }
.logo{float:left!important;
    display:inline;
    }
.head15_search{width:470px; height:41px;
    margin: 30px 45px 0 0;
    float:right;
    position:relative;
    z-index:49;
    }
```

导航菜单栏模块的 CSS 代码如下：

```
.head15_menu_bg{height:44px; width:100%;
    background-color:RGB(240,173,78);
    float:left;
    }
.head15_menu_box{width:1100px; height:44px;
    margin: 0 auto;
    }
.head15_menu_all_OnlineCategory{width:210px;
    position:relative;
    z-index:39;
float:left;
    line-height:44px;
    }
```

```
.head15_menu_big{float:right;
    width:888px; height:40px;
    margin: 2px 0 0 2px;
    line-height:40px;
}
```

4.5.3　网页主体内容区域的设计

网页主体分上下两部分：上面部分包括左侧的商品分类导航、中间的广告图片轮播、右侧的新闻公告模块；下面部分为商品展示区域。

1．网页主体的结构

主体部分采用 div 标签嵌套的设计方式，HTML 代码如下：

```
<div class="content">
<div id="focus">
<div class="dd">左侧导航</div>
<div class="inner">图片轮播</div>
<div class="news">新闻公告</div>
</div>
<div class="shop">
<div class="mt">标题</div>
<div class="mc">
<div class="spacer"></div>
<ul>
<li>商品展示</li>
<li>商品展示</li>
<li>商品展示</li>
<li>商品展示</li>
<li>商品展示</li>
...
</ul>
</div>
</div>
</div>
```

2．编写网页主体的 CSS 代码

网页主体的基本样式的 CSS 代码如下：

```
.content{float:left;
    width:100%;
    }
#focus{margin: 0 auto;
    width:1100px; height:466px;
    }
```

左侧商品分类导航模块的 CSS 代码如下：

```
.dd {height:466px; width:210px;
    background:#c81623;
```

```
    float:left;
    }
```

广告图片轮播模块的 CSS 代码如下：

```
.inner{width:620px; height:462px;
    margin-left:10px;
    margin-top:4px;
    overflow:hidden;
    float:left;
    background-color:#C06;
    }
```

右侧新闻公告模块的 CSS 代码如下：

```
.news{height:460px; width:248px;
    overflow:hidden;
    margin-top:4px;
    border: solid 1px #e4e4e4;
    float:right;
    }
```

商品展示区域的 CSS 代码如下：

```
.shop{width:1100px; height:269px;
    margin: 0 auto;
    margin-top:20px;
    }
.mt{height:36px;
    overflow:hidden;
    line-height:36px;
    }
.mc{height:232px;
    border: 1px solid #ededed;
    border-top:0;
    overflow:visible;
    }
.spacer{position:relative;
    height:1px;
    line-height:0;
font-size:0;
    background-color:#d1d1d1;
    }
.shop ul{overflow:hidden;
    list-style:none;
    }
.shop ul li{float:left;
    height:210px; width:197px;
    overflow:hidden;
    display:list-item;
margin-right:10px;
    background-color:#CFF;
}
```

4.5.4 页脚区域的设计

(1) 页脚中的版权等信息的结构编码，利用 footer 标签布局，其 HTML 代码如下：

```
<footer class="f"><!--页脚-->
<div class="footer-1">
<div class="footer-2">页脚</div>
</div>
</footer>
```

(2) 页脚区域的 CSS 代码如下：

```
.f{float:left; width:100%;}
.footer-1{margin: 0 auto;
    width:1100px; height:187px;
    background-color:#999;
    margin-top:20px;
    }
.footer-2{border-top: 1px solid #E5E5E5;
    padding: 20px 0 30px;
    text-align:center;
}
```

本 章 小 结

　　页面布局是指网页元素的合理编排，是呈现页面内容的基础。合理的布局可以有效地提高页面的可读性，提升用户体验。本章主要介绍了 CSS 盒模型的结构、分类及盒模型的属性。在此基础上让读者了解 CSS 3 对盒模型的完善。

　　本章详细讲解了页面元素的定位，包括定位属性 position 和浮动定位 float，以及 DIV+CSS 常用的页面布局方式。CSS 3 的多列布局可以在 Web 页面中轻松实现类似于报纸或杂志那种排版效果，而无须添加一些无用的标记以及无须依赖于浮动或定位来完成这种布局效果。读者通过学习布局方法，可以灵活地编排网页，合理地安排网页元素。

自 测 题

一、单选题

1. CSS 利用(　　)标记构建网页布局。

　　A. <dir>　　　　　B. <div>　　　　　C. <dis>　　　　　D. <dif>

2. 在 CSS 语言中，(　　)是"左边框"的语法。

　　A. border-left-width:<值>　　　　　B. border-top-width:<值>

　　C. border-left:<值>　　　　　D. border-top:<值>

3. CSS 的(　　)属性能够设置盒模型的内边距为 10、20、30、40 像素(顺时针方向)。

　　A. padding: 10px,20px,30px,40px;　　　　　B. padding: 10px 40px;

    C. padding:10px;   D. padding: 10px 20px 30px 40px;

4. ( )属性能隐藏要素。

    A. display:false;   B. display:hidden;

    C. display:block;   D. display:none;

5. 下列( )属性能够设置盒模型的左外边距。

    A. margin   B. indent   C. margin-left   D. text-indent

6. 下面关于 CSS 的说法，错误的是( )。

    A. CSS 可以控制网页背景图片   B. margin 属性的值可以是百分比

    C. 整个 body 可以作为一个盒模型   D. padding 属性的值可以取负值

7. 边框的属性可以包含的值不包括( )。

    A. 粗细   B. 颜色   C. 样式   D. 长

二、简答题

1. 盒模型结构包括哪些内容？

2. z-index 属性必须在设置了哪个属性后才能起作用？

3. margin: 0 auto 表示什么含义？

4. 区别行内元素和块级元素。

5. CSS 3 如何实现多列布局？

三、操作题

1. 利用 DIV + CSS 完成图 4-30 所示的网页布局，写出 CSS 代码。

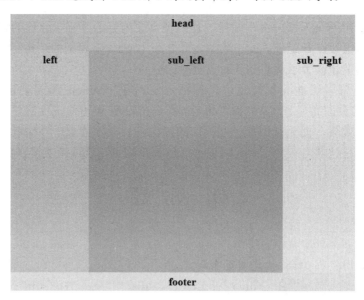

图 4-30 常用的页面布局(1)

2. 利用 DIV + CSS 完成如图 4-31 所示的网页布局，写出 CSS 代码。

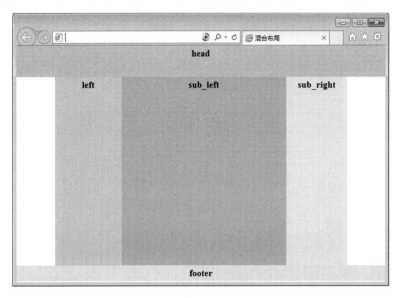

图 4-31　常用的页面布局(2)

第 5 章

CSS 样式

本章要点

(1) 设置 CSS 文本相关属性;
(2) 设计网页中的段落格式;
(3) 设置背景样式;
(4) CSS 列表样式。

学习目标

(1) 掌握 CSS 常用样式属性;
(2) 掌握 CSS 3 新增样式属性;
(3) 在网页设计中灵活使用 CSS 样式属性。

5.1 CSS 3 字体相关属性

5.1.1 设置字体属性

CSS 的字体属性包括字体类型、字体大小、字体风格、加粗字体和变形等。

1．字体(font-family)设置

font-family 属性指文本的字体类型，例如宋体、楷体、隶书、Times New Roman 等，用于改变网页中文本的字体。在 CSS 中，有两种不同类型的字体系列名称。

(1) 通用字体系列：拥有相似外观的字体系统组合。包括 5 种通用字体系列，分别是 Serif 字体、Sans-serif 字体、Monospace 字体、Cursive 字体和 Fantasy 字体系列。

(2) 特定字体系列：具体的字体系列，如 Times 或 Courier。

font-family 属性的语法格式如下：

```
font-family:"字体1","字体2","字体3";
```

浏览器不支持第一个字体时，会采用第二个字体，以此类推。如果浏览器不支持定义的字体，则采用系统的默认字体。

例如：

```
p{font-family: Arial, 楷体;}
```

2．字号(font-size)设置

font-size 属性用于修改字体大小。

语法格式如下：

```
font-size:取值
```

取值范围如下。

(1) 数值 | 百分比。

(2) 绝对大小：xx-small | x-small | small | medium | large | x-large | xx-large。

(3) 相对大小：larger | smaller。

用数值表示的字体大小由浮点数和单位标识组成；百分比取值是基于父对象中字体的尺寸；绝对大小按对象字体调节；相对大小是相对父对象中的字体尺寸进行相对调节。

> **注意**
>
> 如果没有规定字体大小，普通文本(如段落)的默认大小是 16 像素(16px=1em)。W3C 推荐使用 em 来定义文本大小，1em 等于当前的字体尺寸，即 1em 就等于 16 像素。

3．字体风格(font-style)设置

font-style 属性用来设置字体样式。

语法格式如下：

```
font-style: normal | italic | oblique | inherit
```

参数说明：normal(默认值)是以正常方式显示的；italic 表示显示样式为斜体；oblique 属于中间状态，以倾斜样式显示；inherit 指从父元素继承字体样式。通常情况下，italic 和 oblique 文本在浏览器中看上去完全一样。

4．加粗字体(font-weight)

font-weight 属性用于设置字体粗细的程度。

语法格式如下：

```
font-weight: normal | bold | bolder | lighter | number
```

参数说明：normal(默认值)是正常粗细；bold 是将文本设置为粗体；bolder 表示特粗体；lighter 表示特细体；number 取值范围为 100~900，一般情况下都是整百的数，400 等价于 normal，700 等价于 bold。

5．字体变形(font-variant)

font-variant 属性用来将英文字体设定为小型的大写字母，小型大写字母不是一般的大写字母，也不是小写字母，而是采用不同大小的大写字母。

语法格式如下：

```
font-variant: normal | small-caps
```

normal(默认值)显示正常字体；small-caps 将英文显示为小型大写字母。

6．字体复合属性(font)

参数说明：font 是复合属性，包括多种属性，如字体、字号、粗细等，属性值之间用空格分隔，不分先后顺序。使用复合属性是为了简写代码。

语法格式如下：

```
font: font-family font-style font-size line-height ...;
```

5.1.2　设置字体属性的综合示例

【例 5-1】字体属性综合设置。CSS 代码如下：

```
<style>
 h1{font: italic bold 300%/30px 楷体,sans-serif;}
 p.serif{font-family:"Times New Roman",Georgia,Serif;
   font-size:28px;
   font-style:italic;
   font-weight:bold;}
 p.sansserif{font-family:Arial,Verdana,Sans-serif;
   font-style:oblique;
   font-variant:small-caps;
   font-weight:200;}
</style>
```

相关的 HTML 代码如下：

```
<h1>CSS 字体属性</h1>
<p class="serif">This is a paragraph, shown in the Times New Roman font.
</p>
<p class="sansserif">This is a paragraph, shown in the Arial font.</p>
```

在 IE 浏览器中运行相关代码的预览效果如图 5-1 所示。

图 5-1　设置字体属性

代码中 h1{font: italic bold 300%/30px　楷体, sans-serif;}表示设置<h1>标记的字体为斜体和粗体的楷体，大小为 300%，行高为 30px。

5.1.3　CSS 3 新增的字体属性

在 CSS 3 之前，Web 开发人员必须使用已在用户计算机上安装好的字体。但通过 CSS 3，开发人员在设计网页时可以使用自己喜欢的任意字体，先将这些字体文件存放在 Web 服务器上，然后会在需要时自动下载到用户的计算机上。需要使用字体时，需在 CSS 3 @font-face 规则中定义。

在@font-face 规则中，首先定义字体的名称，再指向该字体文件，例如：

```
<style>
@font-face{
    font-family:myFirstFont;
    src:url('Sansation_Light.ttf'),
        url('Sansation_Light.eot'); /* IE9+ */
    }
div{font-family:myFirstFont;}
</style>
```

该例中，font-family 属性指定字体名称为 myFirstFont，src 设置为自定义字体的相对路径或绝对路径。在 div 元素中，通过 font-family 属性来引用字体的名称。

5.2　CSS 控制文本的样式

5.2.1　文本属性

使用 CSS 文本属性，可以定义文本的外观，如文本的颜色、字符间距；也可以对齐文本，进行文本缩进等。

1．文本颜色(color)

color 属性用于设置文本的颜色。在 HTML 文档中，文本颜色统一用 RGB 模式显示，每种颜色都由红、绿、蓝三种颜色按不同的比例组成。

语法格式如下：

```
color:颜色值;
```

常用颜色值的格式如下。

(1)　颜色值可以是颜色的英文名称，如 blue。

(2)　6 位或 3 位十六进制数，如#fff000、#ccc。

(3)　3 位十进制数(0~255 的整数)，如 rgb(255,0,0)。

(4)　百分比，如 rgb(80%,0,0)。

2．设置字间距(word-spacing)

word-spacing 属性可以改变字(单词)之间的标准间隔，多用于英文文本中。

语法格式如下：

```
word-spacing: normal | length | inherit;
```

normal(默认值)设置为标准间隔；length 设定单词间隔，用数值及单位来表示；inherit 从父元素继承。

3．字符间隔(letter-spacing)

letter-spacing 属性用于设定字符间距，允许使用负值，可使字符之间更加紧凑。

语法格式如下：

```
letter-spacing: normal | length
```

normal(默认值)设置标准间隔；length 由浮点数值及单位组成，表示字符间隔。

4．文字修饰(text-decoration)

text-decoration 属性主要是对文本进行修饰，有多种修饰效果，如下划线、删除线等。

语法格式如下：

```
text-decoration: none | underline | overline | line-through | blink
```

none(默认值)对文本不进行修饰；underline 对文本加下划线；overline 对文本加上划线；line-through 在文本上加删除线；blink 让文本有闪烁效果，但只有在 Netscape 浏览器中这一属性才生效。

5．处理文本大小写(text-transform)

语法格式如下：

```
text-transform: none | capitalize | uppercase | lowercase
```

none(默认值)对文本不做任何改动；capitalize 使每个单词第一个字母大写；uppercase 使每个单词的所有字母大写；lowercase 使每个单词的所有字母都小写。

6. 水平对齐(text-align)

text-align 属性设置文本行之间的对齐方式，CSS 3 增加了 start、end 和 string 属性。
语法格式如下：

```
text-align: left | right | center | justify | start | end | string
```

参数说明：left 为左对齐；right 为右对齐；center 为居中对齐；justify 为两端对齐；start 指文本向行的开始边缘对齐；end 指文本向行的结束边缘对齐；string 针对的是单个字符的对齐方式。

7. 垂直对齐(vertical-align)

vertical-align 属性可以设置一个内部元素的纵向位置，相对于它的上级元素或相对于元素行。内部元素是指前后没有断开的元素。
语法格式如下：

```
vertical-align: baseline | sub | super | top | text-top | middle | bottom
    | text-bottom
```

参数说明：baseline 使元素和父元素的基线对齐；sub 为下标；super 为上标；top 使元素与行中最多的元素向上对齐；text-top 使元素与上级元素的字体向上对齐；middle 使元素与上级元素的中部对齐；bottom 使元素的顶端与行中最低的元素的顶端对齐；text-bottom 使元素的底端与上级元素字体的底端对齐。

8. 文本缩进(text-indent)

text-indent 属性用来设定段落的首行缩进。该属性允许取负值，可以实现"悬挂缩进"。
语法格式如下：

```
text-indent:取值;
```

取值可以是一个长度，或是一个百分比，百分比是依上级元素的值而定的。

9. 文本行高(line-height)

line-height 属性用来设定行间距，不允许取负值。
语法格式如下：

```
line-height: normal | number | length | 百分比
```

参数说明：normal(默认值)代表标准行高；number 表示值为数字时，行高由元素字体大小的量与该数相乘所得；length 则是直接使用数字和单位设置行高；百分比表示相当于元素字体大小的比例。

10. 处理空白符(white-space)

white-space 属性用于处理文档中的空格、换行和 Tab 字符。
语法格式如下：

```
white-space: normal | pre | nowrap
```

参数说明：normal(默认值)设置空白会被浏览器忽略；pre 设置空白会被浏览器保留；

nowrap 强制文本在同一行内显示，直到文本结束或遇到
标记。

5.2.2 设置文本属性的综合示例

【例 5-2】文本属性的综合设置。CSS 代码如下：

```
<style>
   body {color:red}
   h1 {color:#00ff00;
      word-spacing:20px;
      line-height:2;
      text-align:center;
      }
   p{text-indent:2em;}
   .t1{vertical-align:super;}
   .txt {color:rgb(0,0,255);
      letter-spacing:5px;
      }
   a{text-decoration:none;}
   img{vertical-align:middle;}
</style>
```

主要的 HTML 代码如下：

```
<body>
   <h1>这是 heading one</h1>
   <p>这是一段普通的段落。请注意，该段落的文本是红色的。在 body 选择器中定义了本页面
中的默认文本颜色。定义下标，如 x<span class="t1">2</span></p>
   <p class="txt">该段落定义了 class="txt"。该段落中的文本是蓝色的。</p>
   <a href="#">这是一个链接</a><img src="images/gg1.jpg">
</body>
```

在 IE 浏览器中运行相关代码的预览效果如图 5-2 所示。

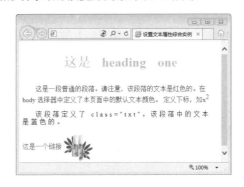

图 5-2 文本综合属性设置效果

5.2.3 CSS 3 新增的文本属性

1. 给文本添加阴影(text-shadow)

在 CSS 3 中，可以使用 text-shadow 属性为页面中的文本添加阴影效果，设定水平阴影、

垂直阴影、模糊距离以及阴影的颜色。

语法格式如下：

```
text-shadow: x-offset  y-offset  blur-radius  color
```

其中的参数说明如下：

(1) x-offset 指阴影的横向距离，可以取负值，x-offset 值为正时，阴影在对象的右边，反之在对象的左边。

(2) y-offset 指阴影的纵向距离，可以取负值，y-offset 值为正时，阴影在对象的底部，反之在对象的顶部。

(3) blur-radius 指阴影的模糊半径，代表阴影向外模糊的范围，值越大，阴影向外模糊的范围越大，阴影的边缘就越模糊，当值为 0 时，表示不具有模糊效果。blur-radius 不能取负值。

(4) color 代表阴影的颜色，这个参数可以放在前面，也可以放在最后，是一个可选项。如果没设置 color 参数，会使用文本的颜色作为阴影颜色。

【例 5-3】给文本添加阴影。HTML 代码如下：

```
<html>
<head>
   <meta charset="utf-8">
   <title>给文本添加阴影</title>
   <style>
      h1{text-shadow: 5px 5px 5px #FF0000;}
   </style>
</head>
<body>
   <h1>文本阴影效果！</h1>
</body>
</html>
```

在 IE 浏览器中运行相关代码的预览效果如图 5-3 所示。

图 5-3　文本阴影效果

2．文本溢出(text-overflow)

在网页制作过程中，经常会遇到内容溢出的问题，如文章列表标题很长，超出了其宽度限制，此时，超出宽度的内容就会以省略号(...)形式显示。以前实现这样的效果需要使用 JavaScript 截取一定的字符数来实现，但这种方法涉及中文和英文的计算字符宽度的问题，导致截取字符数不好控制，降低了程序的通用性。CSS 3 新增了 text-overflow 属性来解决这个问题。

语法格式如下：

```
text-overflow: clip | ellipsis | string
```

其中的参数说明如下：

(1) clip 表示不显示省略标记(...)，只是简单地修剪文本。

(2) ellipsis 表示当对象内文本溢出时显示省略标记(...)，省略标记插入的位置是最后一个字符。

(3) string 表示使用给定的字符串来代表被修剪的文本。

> **注意**
>
> text-overflow 属性只在盒模型中的内容水平方向超出盒子的容纳范围时有效，而且需要将 overflow 属性值设为 hidden。

【例 5-4】设计固定区域的公告列表。CSS 代码如下：

```
<style type="text/css">
    h3{margin-left:20px;}
    .box{width:338px;                    /*固定列表栏目外框*/
        line-height:28px;
        border: 1px solid #C93;
        }
    .box ul{width:330px;                 /*固定标题列表宽度*/
        list-style-image:url(images/tb1.jpg);
        }
    .box ul li{clear:both;
        margin:0;
        padding:0;
        }
    li a{float:left;
        display:block;
        text-decoration:none;
        max-width:230px;
        white-space:nowrap;              /*禁止换行*/
        overflow:hidden;            /* 为应用 text-overflow 做准备，隐藏溢出文本*/
        text-overflow:ellipsis;
        }
    li span{float:left;
        display:block;
        margin-left:10px;
        font-size:12px;
        color:#999;
        }
</style>
```

主要的 HTML 代码如下：

```
<body>
 <div class="box">
 <h3>最新公告</h3>
 <ul class="post">
```

```
<li><a href="#">会员福利日：超值礼券积分兑现，10 点准时开抢</a>
  <span>2017-2-24</span></li>
<li><a href="#">礼券领取日期：3 月 12 日 10:00-23:00，全场购买图书可用</a>
  <span>2017-1-27</span></li>
<li><a href="#">金卡、钻石卡会员购买图书可享受 VIP 折扣，参加满减活动
  并叠加礼券</a><span>2017-1-12</span></li>
<li><a href="#">超值礼券积分兑现</a><span>2017-1-24</span></li>
<li><a href="#">英文原版 Memoirs of My Life 我的生活回忆录 MDWARD
  GIBBON 传记到货通知</a><span>2017-1-3</span></li>
</ul>
</div>
</body>
```

在 IE 浏览器中运行相关代码的预览效果如图 5-4 所示。

图 5-4　固定区域的公告列表运行效果

3．自动换行(word-wrap)

浏览器自身具有让文本自动换行的功能。当在一个指定区域显示一整行文本时，会让文本在浏览器或 div 元素的右端自动换行。对于中文字符，浏览器可以在任何一个中文文字后面进行换行；而对于西文字符来说，浏览器会在半角空格或连字符的地方自动换行，而不会在单词中间换行，因此，不能给较长的单词(如 URL)自动换行，窗口就会出现横向滚动条等问题。CSS 3 新增了 word-wrap 文本样式属性，用于设置当前行超过指定容器的边界时自动换行。

语法格式如下：

```
word-wrap: normal | break-word
```

参数说明：normal(默认值)允许溢出；break-word 允许内容在边界内换行，单词内部也可以断行。

【例 5-5】实现自动换行。代码如下：

```
<head>
  <meta charset="utf-8">
  <title>自动换行</title>
  <style>
  p{width:11em;
  border: 1px solid #000000;}
  .test{word-wrap:break-word;}
```

```
    </style>
</head>
<body>
  <p>This      paragraph      contains      a      very      long      word:
thisisaveryveryveryeryveryverylongword. The long word will break and wrap
to the next line.</p>
  <p  class="test">This      paragraph      contains      a      very      long      word:
thisisaveryveryveryveryveryverylongword. The long word will break and wrap
to the next line.</p>
</body>
```

在 IE 浏览器中运行相关代码的预览效果如图 5-5 所示。

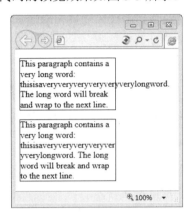

图 5-5　自动换行效果

5.3 使用 CSS 控制背景

5.3.1 背景属性

background 是 CSS 中使用频率很高、很实用的一个属性，可以帮助前端开发人员实现一些特殊的效果。background 包括 5 个基本属性：background-color、background-image、background-repeat、background-attachment 和 background-position。

1. 背景颜色(background-color)

background-color 属性设置背景颜色，与前景颜色 color 设定方法一样，而且也支持多种颜色格式，取值可以是任何合法的颜色值。在不设置任何颜色的情况下是透明色。

语法格式如下：

```
background-color: 颜色取值;
```

2. 背景图像(background-image)

background-image 属性用来设置标记的背景图片。

语法格式如下：

```
background-image: url(URL)
```

其中，URL 是背景图片的地址，这个地址可以是相对地址，也可以是绝对地址。

在设定背景图像时，最好同时也设定背景色，这样，当背景图片无法正常显示时，可以使用背景色代替。如果正常显示，背景图像将覆盖背景色。

3．背景关联(background-attachment)

background-attachment 属性用来设置背景图像是随文档内容滚动还是固定在可视区域内。这个属性与 background-image 一起使用。

语法格式如下：

```
background-attachment: scroll | fixed
```

参数说明：scroll(默认值)表示背景图像随文档内容滚动；fixed 表示背景图像固定在页面上静止不动，只有其他内容随滚动条滚动。

例如：

```
body{background-image:url(images/1.jpg); background-attachment:fixed;}
```

当 background-attachment 属性取值为 fixed 时，可实现水印效果。

4．背景图像重复(background-repeat)

background-repeat 属性设置图片的重复方式，也就是当背景图像比元素的空间小时，将如何显示。其中包括水平重复、垂直重复等。

语法格式如下：

```
background-repeat: repeat | no-repeat | repeat-x | repeat-y
```

参数说明：repeat 表示背景图像在水平垂直方向都平铺；no-repeat 表示背景图像在水平垂直方向都不平铺；repeat-x 为水平方向平铺；repeat-y 为垂直方向平铺。

例如：

```
div{background-image:url(images/5.jpg); background-repeat:repeat-x;}
```

5．背景图片位置(background-position)

background-position 属性设置图像在背景中的位置，这个属性只能应用于块级元素和替换元素，在 HTML 中，替换元素包括 img、input、textarea、select 和 object。

background-position 属性有三种定位方法。

(1) 为图像的左上角指定一个绝对距离，通常以像素为单位。

(2) 可以使用水平和垂直方向的百分比来指定位置。

(3) 可以使用关键字来描述水平和垂直方向的位置，水平方向上的关键字为 left、center 和 right；垂直方向上的关键字为 top、center 和 bottom。在使用关键字时，未指明方向时默认的取值为 center。

语法格式如下：

```
background-position: [top | center | bottom] || [left | center | right]
或 [<length> | <百分比>]
```

background-position 属性的取值说明如表 5-1 所示。

表 5-1　background-position 属性的取值说明

属 性 值	描　述
top left top center top right center left center center center right bottom left bottom center bottom right	CSS 规定的字符串，如果只设置一个关键字，则第二个值将是 center
x% y%	百分比，第一个值是水平位置，第二个值是垂直位置，如果只设置一个，第二个为 50%
x y	length(数字和单位)，设置方法同上

5.3.2　背景设置综合示例

【例 5-6】设置背景。CSS 代码如下：

```
<style>
div{height:400px;
    width:200px;
    border: solid 1px #FF0000;
    background-image:url(images/gg1.jpg);
    background-repeat:no-repeat;
    background-color:#CCC;
    background-position: 10px 20px;
    background-attachment:fixed;
    }
</style>
```

在 IE 浏览器中运行相关代码的预览效果如图 5-6 所示。缩小浏览器窗口可以产生滚动条，拖动滚动条时，图片不随 div 元素移动。

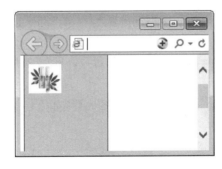

图 5-6　背景设置效果

例 5-6 的 CSS 代码中的背景属性可以简写成复合属性如下：

```
background: url(images/gg1.jpg) no-repeat #CCC fixed 20px 20px;
```

5.3.3 CSS 3 新增的与背景相关的属性

CSS 提供的 background 基本属性远远无法满足设计的需求。因此，为了方便设计师更灵活地设计需要的网页效果，在原有的 background 属性基础上新增了一些功能，如允许设计师改变背景图片的大小尺寸、自己指定背景图片显示的范围(即指定背景图片的起始位置)，也可以在一个元素内叠加多个背景图片等。注意，在 CSS 3 中，background 属性依然保持以前的用法，只是追加了一些与背景相关的属性。

接下来，我们详细介绍 CSS 3 中 background 的新特性及其应用。

CSS 3 新增的背景属性如表 5-2 所示。

表 5-2 CSS 3 新增的背景属性

属　　性	描　　述
background-clip	规定背景的绘制区域
background-origin	规定背景图片的定位区域
background-size	规定背景图片的尺寸

1. background-clip 属性

在 HTML 页面中，具有背景的元素通常由元素内容(content)、内边距(padding)、边框(border)、外边距(margin)四部分组成。

在 CSS 2 中，元素背景的显示范围是内部补白之内的范围，不包括边框。而在 CSS 3 中，背景的显示范围是指包括边框在内的范围。CSS 3 新增了 background-clip 属性来修饰背景的显示范围。

语法格式如下：

```
background-clip: border-box | padding-box | content-box
```

其中的参数说明如下：

(1) border-box(默认值)是指背景图片从元素的边框区域向外裁剪，即边框之外的背景图片都将被裁剪掉，背景范围包括边框区域。

(2) padding-box 是指从内边距区域向外裁剪背景，即 padding 区域之外的背景图片将被裁剪掉，不包括边框区域。

(3) content-box 是指从内容区域向外裁剪背景，即元素内容区域之外的背景图片都将被裁剪掉。

【例 5-7】background-clip 属性的使用。CSS 代码如下：

```
<style>
  div{height:100px;
    width:200px;
    color:#FFF;
```

```
    padding:20px;
    border: dotted 5px #FF0000;
    background: url(images/s1.jpg) top left;
    background-clip:border-box;
    word-wrap:break-word;
    }
<style>
```

相关的 HTML 代码如下：

```
<body>
  <div>border-box(默认值)背景会在边框内显示；padding-box 表示背景会在内边距框内显
示；content-box 会使背景在内容区域内显示。
  </div>
</body>
```

在 IE 浏览器中运行相关代码的预览效果如图 5-7 所示。

当 background-clip 属性值为 padding-box 时，应用效果如图 5-8 所示；当 background-clip 属性值为 content-box 时，应用效果如图 5-9 所示。

图 5-7　border-box 值的效果　　　图 5-8　padding-box 值的效果　　　图 5-9　content-box 值的效果

注意

　　当元素的 background-repeat 为 no-repeat 时，background-color 是从元素的边框左上角起到边框右下角止，而 background-image 是从内边距 padding 边缘的左上角起到边框的右下角止。当元素的 background-repeat 的值为 repeat 时，background-color 此时完全在 background-image 之下，而且 background-image 从元素边框左上角起到元素边框右下角止。下面通过一个实例来加深理解。

【例 5-8】background 的默认显示方式。CSS 代码如下：

```
<style>
    div{height:80px;
        width:80px;
        color:#FFF;
        padding:20px;
        border: dashed 10px #FF0000;
        background: url(images/s1.jpg) #0F0 no-repeat ;
        margin:10px;
        }
    .div1{background-repeat:no-repeat;
```

```
        float:left;
        }
    .div2{background-repeat:repeat;
        float:left
        }
</style>
```

主要的 HTML 代码如下：

```
<body>
    <div class="div1"></div>
    <div class="div2"></div>
</body>
```

在 IE 浏览器中运行相关代码的预览效果如图 5-10 所示。

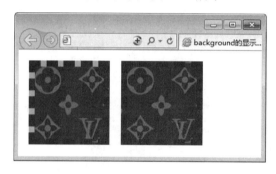

图 5-10　background 的默认显示方式

2．background-origin 属性

background-origin 属性主要用来决定 background-position 属性的参考原点，即决定背景图片定位的起点。默认情况下，背景图片的 background-position 属性是以元素左上角为坐标原点对背景图片进行背景定位的。CSS 3 的 background-origin 属性可以根据自己的需要来改变背景图片的 background-position 起始位置。background-origin 属性与 background-clip 属性有几分相似。

语法格式如下：

```
background-origin: padding-box | border-box | content-box
```

参数说明：padding-box(默认值)规定 background-position 起始位置从 padding 的外边缘开始显示背景图片；border-box 规定 background-position 起始位置从 border 的外边缘开始显示背景图片；content-box 规定 background-position 起始位置从 content 的外边缘开始显示背景图片。

【例 5-9】使用 background-origin 属性设置背景图片的起始位置。CSS 代码如下：

```
<style type="text/css">
    div{height:100px;
        width:200px;
        color:#FFF;
        padding:20px;
        border: dotted 5px #FF0000;
```

```
        background: url(images/s1.jpg) no-repeat left top;
        background-origin:content-box; /*背景图片的起始位置从内容框开始定位*/
        word-wrap:break-word;}
</style>
```

在 IE 浏览器中运行相关代码的预览效果如图 5-11 所示。

当 background-origin 属性值为 padding-box 时，应用效果如图 5-12 所示；当 background-origin 属性值为 border-box 时，应用效果如图 5-13 所示。

图 5-11　content-box 值的效果　　图 5-12　padding-box 值的效果　　图 5-13　border-box 值的效果

3．background-size 属性

CSS 3 以前，背景图像的大小是不可以控制的，要想使背景图像填充整个元素背景区域，需要通过平铺方式来填充元素。CSS 3 新增的 background-size 属性能够指定背景图像的尺寸大小，可以控制背景图片在水平和垂直两个方向的缩放，也可以控制图片拉伸覆盖背景区域的方式，还可以截取背景图片，可以使背景图片能够自适应盒模型的大小，避免了因盒模型大小不同而需要设计不同的背景图片，节省了前端开发人员的时间。

语法：

```
background-size: auto | length | percentage | cover | contain
```

auto(默认值)设定为背景图像的真实大小；length 设定背景图像的宽度和高度，第一个值为宽度，第二个值为高度，如果只设定一个值，第二个值为 auto；percentage 指用百分比设置背景图像的宽和高；cover 将标记图像等比缩放到完全覆盖容器，图像的某些部分可能超出容器；contain 将背景图像等比缩放到宽度和高度与容器的宽度和高度相等，背景图像始终被包含在容器内。

【例 5-10】background-size 属性的使用。CSS 代码如下：

```
<style>
  div{height:100px;
    width:200px;
    margin:10px;
    border: solid 2px #FF0000;
    margin-bottom:2px;
    background: url(images/6.jpg) no-repeat;
    float:left;
    }
  .div1{background-size:50px 50px}
  .div2{background-size:100% 100%;}
```

```
   .div3{background-size:cover;}
   .div4{background-size:contain;}
</style>
```

主要的 HTML 代码如下：

```
<body>
    <div>background-size:auto</div>
    <div class="div1">background-size:50px 50px</div>
    <div class="div2">background-size:100% 100%</div>
    <div class="div3">background-size:cover;</div>
    <div class="div4">background-size:contain;</div>
</body>
```

在 IE 浏览器中运行相关代码的预览效果如图 5-14 所示。

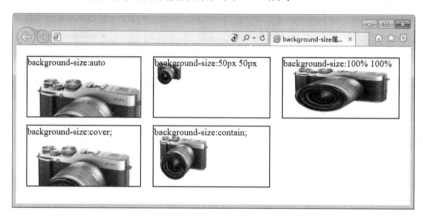

图 5-14　背景图像大小的设置

5.4　使用 CSS 设置列表样式

在 HTML 5 中，用列表来显示一系列相关的文本信息，包括有序、无序和自定义列表，这些内容在第 2 章做了详细介绍。本节主要介绍如何使用 CSS 设置列表样式。

5.4.1　CSS 列表属性

列表属性主要用于设置列表项的样式，包括符号、缩进。

1．改变列表符号(list-style-type)

list-style-type 属性用来设定列表项的符号。
语法格式如下：

```
list-style-type:<值>
```

可以用多种符号作为列表项的符号，其具体取值如表 5-3 所示。

2．图像符号(list-style-image)

list-style-image 属性是使用图像作为列表项目符号。

语法格式如下：

```
list-style-image:url(图像地址)
```

表 5-3　列表符号的取值

符号取值	含　义
none	无任何项目符号或编码
disc	(默认值)以实心圆●作为项目符号
circle	以空心圆○作为项目符号
square	以实心方块■作为项目符号
decimal	用阿拉伯数字 1、2、3、...作为项目编号
lower-roman	用小写的罗马数字ⅰ、ⅱ、ⅲ、...作为项目编号
upper-roman	用大写的罗马数字Ⅰ、Ⅱ、Ⅲ、...作为项目编号
lower-alpha	以小写字母 a、b、c 作为项目编号
upper-alpha	以大写字母 A、B、C 作为项目编号

3．列表缩进(list-style-position)

list-style-position 属性用于设定列表缩进。

语法格式如下：

```
list-style-position:outside|inside
```

inside(默认值)表示列表项目标记放置在文本以内，且环绕文本根据标记对齐；outside表示列表项目标记放置在文本以外，且环绕文本不根据标记对齐。

5.4.2　列表属性的综合示例

【例 5-11】列表属性测试。CSS 代码如下：

```
<style>
  .circle{list-style-type:circle;}
  .upper-roman{list-style-type:upper-roman;}
  .img1{list-style-image:url(images/tb1.jpg);
    list-style-position:inside;}
  .img2{list-style-image:url(images/tb1.jpg);
    list-style-position:outside;}
</style>
```

主要的 HTML 代码如下：

```
<body>
 <h1>JavaScript 入门</h1>
  <ul>
  <li>JavaScript 概述</li>
  <ul class="circle">
  <li>认识 JavaScript</li>
  <li>JavaScript 的特点</li>
```

```
</ul>
<li>变量、数据类型</li>
<ol class="upper-roman">
<li>变量的声明和使用</li>
<li>基本数据类型</li>
</ol>
<li>表达式与运算符</li>
<ul class="img1">
<li>表达式</li>
<li>运算符</li>
</ul>
<li>流程控制语句</li>
<ul class="img2">
<li>分支语句</li>
<li>循环语句</li>
</ul>
<li>JavaScript 函数</li>
</ul>
<body>
```

在 IE 浏览器中运行相关代码的预览效果如图 5-15 所示。

图 5-15　列表属性设置

5.5　上机实训

5.5.1　实训 1：制作商品信息展示页面

　　一个好的网页必然是一个布局合理的页面。多行多列布局是网页中比较常见的一种布局方式。电商网页需要展示众多商品，好的布局可以更加直观地展示商品信息。本案例中根据商品信息种类的不同，将不同的商品并排显示，配以图片和文字说明，使浏览者能更快速地查看商品。

　　商品信息展示案例要求对商品的图片、商品名称、描述和价格等信息进行修饰和编排。本案例中，通过 CSS 设置文本样式，实现对页面中字体、段落的综合排版，再利用 div 布局技术完成页面中的图文混排，实现多列布局。网页的最终效果如图 5-16 所示。

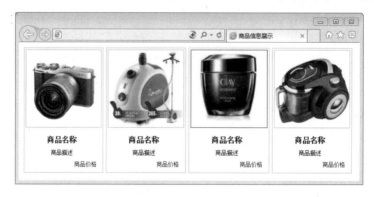

图 5-16　商品信息展示

　　制作商品信息展示页面的具体步骤如下。

(1)　编写 HTML 代码，每一个商品信息使用一个 div 盒模型，里面嵌套了三个 div 来放置商品名称、商品描述和商品价格，然后用 CSS 分别修饰它们的文本样式。当然，也可以用 p 标记来替换这三个 div，读者可自行完成，来进行比较。

HTML 代码如下：

```
<body>
 <div class="img">
 <a target="_blank" href="#">
 <img src="images/6.jpg" alt="Ballade" width="160" height="160">
 </a>
 <div class="title">商品名称</div>
 <div class="desc">商品描述</div>
 <div class="price">商品价格</div>
 </div>

 <div class="img">
 <a target="_blank" href="#">
 <img src="images/5.jpg" alt="Ballade" width="160" height="160">
 </a>
 <div class="title">商品名称</div>
 <div class="desc">商品描述</div>
 <div class="price">商品价格</div>
 </div>

 <div class="img">
 <a target="_blank" href="#">
 <img src="images/3.jpg" alt="Ballade" width="160" height="160">
 </a>
 <div class="title">商品名称</div>
 <div class="desc">商品描述</div>
 <div class="price">商品价格</div>
 </div>

 <div class="img">
 <a target="_blank" href="#">
 <img src="images/s4.jpg" alt="Ballade" width="160" height="160">
 </a>
 <div class="title">商品名称</div>
 <div class="desc">商品描述</div>
 <div class="price">商品价格</div>
 </div>
<body>
```

每个商品的图片都是超链接，可以链接到该商品的详细信息页面，在这个页面里也可以实现订单任务。

(2)　使用 CSS 对 div 元素进行设置，并完成图片和文本的修饰。

CSS 代码如下：

```
<style>
 div.img{margin:3px;
```

```
    border: 1px solid #bebebe;
    height:auto;
    width:auto;
    float:left;
    text-align:center;}
  div.img img{display:inline;
    margin:3px;
    border: 1px solid #bebebe;}
  div.img a:hover img{border: 1px solid #333333;}
  div.title{text-align:center;
    font-weight:bold;
    width:150px;
    font-size:16px;
    margin: 10px 5px 10px 5px;}
  div.desc{text-align:center;
    font-weight:normal;
    width:150px;
    font-size:12px;
    margin: 10px 5px 10px 5px;}
  div.price{text-align:right;
    font-weight:normal;
    width:150px;
    font-size:12px;
    color:#C00;
    margin: 10px 5px 10px 5px;}
<style>
```

5.5.2 实训 2：CSS 制作二级导航下拉菜单

下拉式菜单是网站设计中常用的导航形式，这种菜单形式能够充分利用页面现有空间，隐藏或显示更多内容，并能对内容进行合理的分类显示，是一种非常优秀的导航形式。

1．功能

制作电商网站顶部的二级导航菜单，此案例单纯使用 CSS 来完成。

2．设计思路

(1) 使用 HTML 标记构建二级菜单所需的树型结构，使用两个不同级别的列表标记实现二级菜单的数据存储，列表项的内容是超链接。

(2) 根据实际效果，先创建一个 div 盒模型，里面使用 ul 与 li 列表的嵌套来组织菜单数据。

(3) 然后利用 CSS 控制二级菜单的显示方法。

3．运用到的知识点

运用到的知识点包括 ul 和 li 列表布局方法、CSS 定位、display 属性。

4．编写 HTML 代码

创建 div 盒模型进行整体布局，利用 ul 和 li 列表标记完成主导航，在有二级菜单的 li 标记中嵌套 ul 和 li 列表，实现子导航菜单的制作。每一个列表项的内容都是超链接。二级菜单的 HTML 列表结构定义代码如下：

```
<body>
  <div class="menu">
    <ul>
      <li><a class="hide" href="#">成为会员</a></li>
      <li><a class="hide" href="#">★收藏∨</a>
        <ul>
          <li><a href="#">收藏的宝贝</a></li>
          <li><a href="#">收藏的店铺</a></li>
        </ul>
      </li>
      <li><a class="hide" href="#">我的订单</a></li>
      <li><a class="hide" href="#">我的窝瓜∨</a>
        <ul>
          <li><a href="#">我的积分</a></li>
          <li><a href="#">我的余额</a></li>
          <li><a href="#">我的评论</a></li>
        </ul>
      </li>
      <li><a class="hide" href="#">商品分类∨</a>
        <ul>
          <li><a href="#">图书</a></li>
          <li><a href="#">衣服鞋帽</a></li>
          <li><a href="#">数码产品</a></li>
          <li><a href="#">家具用品</a></li>
          <li><a href="#">户外运动</a></li>
        </ul>
      </li>
      <li><a class="hide" href="#">客户服务∨</a>
        <ul>
          <li><a href="#" >帮助中心</a></li>
          <li><a href="#">销售热线</a></li>
          <li><a href="#">自助发票</a></li>
          <li><a href="#">联系客服</a></li>
          <li><a href="#">意见建议</a></li>
        </ul>
      </li>
    </ul>
  </div>
</body>
```

5. CSS 样式设计

(1) 设定 div 盒模型的总体样式，安排布局、字体等。

<div class="menu">的 CSS 代码如下：

```
.menu{font-family: arial, sans-serif;
    width:750px;
    margin:0;
    margin: 50px 0;
    }
```

(2) 设置顶层 ul 和 li 的样式，为了实现菜单中的子导航和主导航在实现鼠标交互的同时保持其相对位置一致，对 ul li{}使用了 position:relative;，使其定位方式为相对定位；而对于子导航的 li ul{}采用了 position:absolute;，即相对于主导航的绝对定位方式。主导航的 li 设置了 float:left 浮动，目的是使导航菜单横向排列。使用无序列表来创建导航菜单，需将无序列表的 list-style-type 属性设为 none，清除列表项前的列表符号。

CSS 代码如下：

```
.menu ul{padding:0; margin:0;
   list-style-type:none;
   }
.menu ul li{float:left;
   position:relative;
   }
```

(3) 设置列表项内容的超链接样式，CSS 代码如下：

```
.menu ul li a, .menu ul li a:visited{display:block;
   text-align:center;
   text-decoration:none;
   width:104px;
   height:30px;
   color:#000;
   border: 1px solid #fff;
   border-width: 1px 1px 0 0;
   background:#c9c9a7;
   line-height:30px;
   font-size:11px;
   }
```

(4) 设置第二层 ul 和 li 样式。这里 li 没有设置浮动，目的是使导航菜单纵向排列。通过设置 display:none;，使嵌套的第二层列表 ul 不可见；并设置鼠标在顶层超链接上时，该列表项背景颜色改为#F60。CSS 代码如下：

```
.menu ul li ul{display:none;}
.menu ul li:hover a{color:#fff;
   background:#F60;
   }
```

(5) 设置顶层 li:hover 时第二层 ul 的 display:block;让嵌套的第二层可见，并以块状元素显示。CSS 代码如下：

```
.menu ul li:hover ul{display:block;
   position:absolute;
   top:31px;
   left:0;
   width:105px;
   }
.menu ul li:hover ul li a{display:block;
   background:#faeec7;
   color:#000;
   }
```

(6)　设置第二层的超链接样式。CSS 代码如下：

```
.menu ul li:hover ul li a:hover{background:#dfc184;
   color:#000;
   }
```

在 IE 浏览器中运行相关代码的预览效果如图 5-17 所示。

图 5-17　制作二级下拉菜单

本 章 小 结

本章主要介绍了 CSS 字体、文本、背景及列表等样式的设置方法，并对 CSS 3 新增的常用样式进行了分析和列举。通过本章的学习，读者能够熟练掌握 CSS 常用样式的使用方法，并对 CSS 3 中新增的样式属性有一定程度的理解。

自 测 题

一、单选题

1.　在 CSS 语言中，不属于添加在当前页面的形式是(　　)。
　　A. 行内样式表　　B. 内部样式表　　C. 导入样式表　　　　D. 链接样式表
2.　下列 CSS 语法构成正确的是(　　)。
　　A. body:color=black　　　　　　　B. {body;color:black}
　　C. body{color:black;}　　　　　　D. {body:color=black}
3.　在 CSS 语言中(　　)的适用对象是"所有对象"。
　　A. 背景附件　　B. 文本排列　　C. 纵向排列　　　　D. 文本缩进
4.　下列选项中，不属于 CSS 文本属性的是(　　)。
　　A. font-size　　B. text-transform　C. text-align　　　　D. line-height
5.　下列能给所有的<h1>标记添加背景颜色的是(　　)。
　　A. .h1{background-color:#fff}　　　B. h1{background-color:#fff}
　　C. h1.all{background-color:#fff}　　D. #h1{background-color:#fff}
6.　下列 CSS 属性中，可以更改样式表的字体颜色的是(　　)。
　　A. text-color=　　B. fgcolor:　　C. text-color:　　D. color

7. 下列 CSS 属性中，可以更改样式表的字体大小的是(　　)。

  A. text-size B. font-size C. text-style: D. .font-style

8. 在 CSS 语言中"列表样式图像"的语法是(　　)。

  A. width:<值>   B. height:<值>

  C. white-space:<值>   D. list-style-image:<值>

9. 下列代码能够定义所有<p>标记内文字加粗的是(　　)。

  A. <p style="text-size:bold"> B. <p style="font-size:bold">

  C. p{text-size:bold}   D. p{font-weigh:bold}

二、简答题

1. 通常使用的斜体文字需设置哪种倾斜样式？

2. 如何为文本添加阴影？

3. 在 CSS 中，如何设置图片的位置？

第 **6** 章

JavaScript 基础

本章要点

(1) JavaScript 概述；

(2) JavaScript 变量、数据类型；

(3) 表达式和运算符；

(4) JavaScript 流程控制；

(5) JavaScript 函数的定义和调用。

学习目标

(1) 掌握 JavaScript 脚本语言；

(2) 学会在网页中使用 JavaScript；

(3) 掌握 JavaScript 语言变量与运算符的使用；

(4) 掌握 JavaScript 程序控制语句；

(5) 掌握 JavaScript 函数的使用。

6.1 JavaScript 概述

6.1.1 认识 JavaScript

JavaScript 是面向 Web 的轻量级编程语言，是一种通用的、跨平台的、基于对象的和事件驱动的并具有安全性的客户端脚本语言。绝大多数现代网站都使用了 JavaScript，并且所有的现代 Web 浏览器(基于桌面系统、游戏机、平板电脑和智能手机的浏览器)均包含了 JavaScript 解释器。所以 JavaScript 也被称为史上使用最广泛的编程语言，是前端开发工程师必须掌握的技能之一。

JavaScript 除了语法看起来与 Java 类似外，二者完全是不同的编程语言。JavaScript 主要是基于客户端运行的，用户访问带有 JavaScript 的网页时，JavaScript 程序就会下载到浏览器，再由浏览器对其进行处理，实现网页与用户之间实时的、动态的、交互性的关系。

JavaScript 语言的前身是 LiveScript 语言，是 1995 年由 Netscape 公司开发的。与 Sun 公司合作之后，于 1996 年更名为 JavaScript 1.0。经过不断的发展，JavaScript 的功能越来越强大，并得到了完善。

6.1.2 JavaScript 的特点和作用

1. JavaScript 的特点

JavaScript 的主要特点如下。

1) 解释型脚本语言

JavaScript 是一种解释型语言，它采用小程序段方式实现编程，提供了一个简易的开发过程。它的基本结构形式与 C、C++、VB、Java 十分类似。但 JavaScript 不需要先编译，而是在程序运行过程中被逐行解释，它与 HTML 标记结合在一起，来实现网站的功能。

2) 基于对象的语言

JavaScript 是一种基于对象的语言，能运用自己已经创建的对象，因此，可以使用脚本环境中对象的方法与脚本相互作用，来实现许多功能。

3) 简单弱类型脚本语言

JavaScript 的简单性主要在于其基于 Java 基本语句和控制流之上的简单而紧凑的设计，从而对于使用者学习 Java、C#、C++等编程语言是一种很好的过渡；其次在于 JavaScript 变量采用的是弱类型，并未使用严格的数据类型。

4) 安全性

JavaScript 是一种安全性语言，它不允许访问本地硬盘，也不能将数据存入服务器，不允许对网络文档进行修改和删除，只能通过浏览器实现信息浏览或动态交互，从而能有效地防止数据的丢失。

5) 动态性

JavaScript 可以直接对用户的输入做出响应，无须经过 Web 服务程序，它对用户操作的响应是以事件驱动的方式进行的。

6) 跨平台性

JavaScript 依赖于浏览器本身，只要是能运行浏览器的计算机，并支持 JavaScript 的浏览器都可以正确执行，与操作环境无关。如 Windows 操作系统、Unix 操作系统、Linux 操作系统等，或者是用于手机的 Android 操作系统、iPhone 操作系统都可以使用。

2．JavaScript 的作用

JavaScript 可弥补 HTML 语言的缺陷，实现 Web 客户端的动态效果，主要作用如下。

1) 可以动态改变网页的外观

JavaScript 通过修改网页元素的 CSS 样式，可以动态地改变网页的外观。

2) 可以动态改变网页的内容

HTML 语言是静态的，一旦编写，内容无法改变。JavaScript 可以弥补这种不足，能够将内容动态地显示在网页中。

3) 验证表单数据

用户在填写表单时，可以在客户端对数据进行合法性验证，验证成功后才能提交到服务器上，以减少服务器的负担和网络带宽的压力。例如，在制作用户注册信息页面时，要求用户输入确认密码，以确定用户输入密码是否准确，如果两个密码框输入的密码不一样，就会弹出提示框，要求用户重新输入密码。

4) 响应事件

JavaScript 是基于事件的语言，可以响应用户或浏览器产生的事件，只有事件产生时才会执行相应的 JavaScript 代码。

6.1.3 在网页中使用 JavaScript

编写 JavaScript 脚本不需要特殊的软件，一个普通的文本编辑器和一个 Web 浏览器就足够了。编好的 JavaScript 代码必须放在 HTML 文档中才能执行。将 JavaScript 语句插入到 HTML 文档中有两种方法。

(1) 使用<script>标记将 JavaScript 语句直接嵌入 HTML 文档。

理论上，JavaScript 语句可以出现在 HTML 文档中的任意位置，但需要以<script>标记进行声明。可以将多个脚本嵌入到一个文档中，但每个脚本都封装在<script>标记中。浏览器在遇到<script>标记时，将逐行读取内容，直到</script>结束标记。然后，浏览器将检查 JavaScript 语句的语法，如有任何错误，就会在警告框中显示；如果没有错误，则浏览器将解释并执行语句。

<script>标记的格式如下：

```
<script language="javascript">
  JavaScript 语句;
</script>
```

language 属性用于指定编写脚本使用哪一种脚本语言,通过该属性还可以指定使用脚本语言的版本。

【例 6-1】编写第一个 JavaScript 程序。代码如下：

```
<!doctype html>
<html>
```

129

```
  <head>
    <meta charset="utf-8">
    <title>欢迎进入 JavaScript 世界! </title>
  </head>
  <body>
    <script language="javascript">
      document.write("欢迎进入 JavaScript 世界! "); //JavaScript 代码
    </script>
  </body>
</html>
```

在浏览器中运行以上代码，网页如图 6-1 所示。

图 6-1　第一个 JavaScript 程序的运行结果

提示

代码中的 document.write("字符串")用于动态显示网页上的信息。双斜线(//)是 JavaScript 脚本程序中的注释。理论上，可以将 JavaScript 代码放在 HTML 文档中的任何位置，但好的编程习惯是将核心脚本语句放在标题部分，这样可以确保所有 JavaScript 代码在 body 部分调用之前就被读取和执行。

(2) 将 JavaScript 源文件链接到 HTML 文档中。

当脚本程序比较复杂，代码过多时，可以把 JavaScript 代码放入一个单独的文件(扩展名为.js)中，再将这个外部文件链接到 HTML 文档中即可。利用<script>标记中的 src 属性连接外部文件，语法格式如下：

```
<script language="javascript" src="filename.js"></script>
```

代码中的<script>标记没有包含传统的 type="text/JavaScript"属性，是因为在 HTML 5 规范中，script 属性默认是 text/JavaScript，可以省略，但在 HTML 4.0.1 和 XHTML 1.0 规范中，type 属性是必需的。

【例 6-2】使用外部 JavaScript 文件完成例 6-1。

先建立 JavaScript 源文件 welcome.js，其代码如下：

```
document.write("欢迎进入 JavaScript 世界! ");
```

将文件 welcome.js 链接到 HTML 代码中，HTML 代码如下：

```
<body>
  <script language="javascript" src="welcome.js"></script>
</body>
```

在浏览器中的运行结果与图 6-1 完全相同。

连接外部 JS 文件的主要好处是可以在多个 HTML 文档中共享函数,通过创建一个包含公共函数的 JS 文件,如果要加入新的函数或修改一个函数,只需在一个文件中进行操作即可。

> **注意**
>
> 外部脚本文件的使用大大简化了程序,提高了程序的可用性,但在使用时需注意以下几点:①外部 JS 文件是包含 JavaScript 代码的文本文件,扩展名为“.js”,文件中只能包含 JavaScript 语句,不能将 HTML 标记加到 JS 文件中;②<script></script>标记可以出现在 HTML 文档的任何位置,并且可以有多个;③在引用外部脚本文件的 HTML 中,<script></script> 标记之间不可以有任何代码,包括脚本程序代码,且</script>标记不能省略。

6.1.4　JavaScript 代码规范

JavaScript 的代码规范如下。

(1) JavaScript 程序使用 Unicode 字符集编写,严格区分大小写,编写 JavaScript 脚本时要正确处理大小写字母,包括关键字、变量、函数名以及所有的标识符。

(2) JavaScript 会忽略程序中的空格和换行符,所以,在代码中可以随意使用空格和换行符,使代码有整齐、一致的缩进,来形成统一的编码风格,从而提高代码的可读性。

(3) 与 Java 语言不同,JavaScript 并不要求必须以分号(;)作为语句的结束标记。如果语句的结束处没有分号,JavaScript 会自动地将该行代码的结尾作为语句的结尾。但如果多条语句放在一行,就必须加上分号进行分隔。而且,在开发工作中,要养成好的编程习惯,使用分号进行编程。

(4) 使用注释时,JavaScript 支持两种格式的注释:用//实现单行注释;以/*开始,以*/结束(即/*...*/)实现多行注释。

6.2　变量、数据类型

6.2.1　变量的声明和使用

变量是指在程序中一个已经命名的存储单元,它的主要作用就是为数据提供存放信息的容器。在使用变量之前,先要了解变量的命名规则、声明方法及其作用域。

1. 变量的命名

JavaScript 中的变量命名同其他编程语言类似,需要注意以下几点。

(1) 必须以字母或下划线开头,后面可以出现数字,如 group1、group2 等。除了下划线,变量名称中不能有空格、+、-或其他符号。

(2) 不能使用 JavaScript 中的关键字作为变量。JavaScript 定义了 40 多个关键字,在 JavaScript 中,这些关键字用来定义变量与函数名等,不能作为变量的名称,如 var、int、double 等。

（3）JavaScript 的变量名是严格区分大小写的。例如，userName 与 username 代表两个不同的变量。

> **注意**
>
> 　　对变量命名时，最好把变量的意义与其代表的意思对应起来，以便于记忆，且具有一定意义的变量名称，可增加程序的可读性。建议使用驼峰命名法，即首个单词小写，其余单词的首字母大写，如 myName。

2．变量的声明和赋值

在 JavaScript 中，允许程序直接对变量赋值，而无须先声明。但为了养成好的编程习惯，变量使用前应进行声明，JavaScript 变量由关键字 var 声明。其语法格式如下：

```
var variable;
```

在声明变量的同时，也可以对变量进行赋值。例如：

```
var x = 3;
```

声明变量时，应遵循如下规则。

（1）可以使用一个关键字 var 同时声明多个变量，例如：

```
 var x, y, str;
```

（2）可以在声明变量的同时对其赋值，即初始化，例如：

```
var x=3, y=6, str="welcome";
```

（3）如果只是声明了变量，并未对其赋值，则其值默认为 undefined。

（4）var 语句可以用作 for 循环和 for...in 循环的一部分，这使循环变量的声明成为循环语句自身的一部分，使用起来比较方便。

（5）也可以使用 var 语句多次声明同一个变量，如果重复声明的变量已有一个初始值，此时的声明就相当于对变量的重新赋值。

由于 JavaScript 采用了弱类型的数据形式，因此不必先考虑变量的数据类型，开发者可以在任何阶段改变变量的数据类型。

【例 6-3】变量的声明。代码如下：

```
<script>
 var str = "欢迎来到JavaScript世界！";
 var i = 100;
 var bool = true;
 document.write(str + "<br>");
 document.write(i + "<br>");
 document.write(bool);
</script>
```

图 6-2　变量的声明程序运行结果

以上代码在浏览器中的运行结果如图 6-2 所示。

3．变量的作用域

变量的作用域是指变量在程序中的作用范围，也就是程序中定义该变量的区域。在

JavaScript 中，变量根据作用域可分为全局变量和局部变量。全局变量是定义在所有函数体之外的，可以在整个 HTML 文档范围中使用；而局部变量是在一个函数内部定义的变量，只在该函数内可见，其他函数不能访问。

【例 6-4】变量的作用域应用。代码如下：

```
<script>
  document.write("全局变量与局部变量:<br>");
  document.write("<hr>");
  var myname = "张三";
  document.write("定义在函数外: myname=" + myname + "<br>");
  function myfun() {
    var myname;
    myname = "李四";
    document.write("定义在函数内: myname=" + myname + "<br>");
  }
  myfun();
  document.write("定义在函数外: myname=" + myname + "<br>");
</script>
```

以上代码在浏览器中的运行结果如图 6-3 所示。

图 6-3　变量的作用域程序运行结果

> **说明**
>
> 变量的作用域程序运行结果说明，函数内改变的只是该函数内定义的局部变量，不影响函数外的同名全局变量的值，函数调用结束后，局部变量占据的内存存储空间被收回，而全局变量内存存储空间则被继续保留。也就是说，同名的局部变量和全局变量只是名字相同，其分配的存储空间不同，所以可以存储不同的数据。

6.2.2　JavaScript 的基本数据类型

JavaScript 脚本语言中采用的是弱类型的方式，即一个数据(变量或常量)不必首先声明类型，可以在使用或赋值时再确定它的数据类型。下面介绍 JavaScript 中的几种数据类型，其中数值型、字符串型和布尔型是 JavaScript 中允许使用的三种基本数据类型。

1．数值型

数值(number)是最基本的数据类型。JavaScript 和其他程序设计语言(如 C 语言或者 Java 语言)的不同之处在于，它不区分整型数值和浮点型数值。在 JavaScript 中，只有一种数值类型，所有的数都是由浮点型表示的，可以带小数点，也可以不带。JavaScript 采用 64 位浮点格式表示数值，表明了它所表示的数值范围。例如：

```
var x1 = 23.00;        //使用小数点
var x2 = 23;           //不使用小数点
var x3 = -23.00        //负数
```

极大或极小的数可以通过科学(指数)计数来书写，例如：

```
var y1 = 123e6;
var y2 = 123e-5;
```

2．字符串型

字符串(string)是由 Unicode 字符、数字、标点符号等组成的序列，是 JavaScript 用来存储文本的数据类型。程序中的字符串数据是包含在单撇号(' ')或双撇号(" ")中的。当字符串本身含有单撇号或双撇号时，由单撇号定界的字符串可以包含双撇号，由双撇号定界的字符串也可以包含单引号。

例如：

```
var carname1 = "Bill Gates";
var carname2 = 'Bill Gates';
var answer1 = "Nice to meet you!";
var answer2 = "He is called 'Bill'";
var answer3 = 'He is called "Bill"';
```

> **说明**
>
> JavaScript 与 C 语言、Java 不同的是，它没 char 这样的单字符数据类型。要表示单个字符，必须使用长度为 1 的字符串。

3．布尔型

数值数据类型和字符串数据类型的值都有无穷多个，但布尔型数据类型只有两个值，这两个值分别由 true 和 false 表示，一个布尔值代表一个"真值"，用来表明某个事物的两个状态(真或假)。

在 JavaScript 程序中，布尔值通常用来比较所得的结果，例如：

```
m==1;
```

这行代码测试了变量 m 的值是否与数值 1 相等，如果相等，比较的结果就是布尔值 true，否则结果就是 false。

布尔值通常用于 JavaScript 的控制结构，例如，JavaScript 的 if...else 语句就是在布尔值为 true 时执行一个动作，而在布尔值为 false 时执行另一个操作。通常将一个布尔值与使用这个值比较的语句结合在一起。例如：

```
if(m==1)
  n = "yes";
else
  n = "no";
```

上述代码检测了 m 是否等于 1。如果相等，则 n="yes"，否则 n="no"。

有时，可以把两个可能的布尔值用 1(true)和 0(false)来表示。

4．特殊数据类型

除了上面介绍的基本数据类型外，JavaScript 还包括了一些特殊类型的数据，如未定义值、空值、转义字符等。

(1) 未定义值。未定义类型的变量是 undefined，表示变量还没有赋值，或者赋予一个不存在的属性值(如 var x = welcome;)。不能把一个变量赋值为 undefined 值。

此外，JavaScript 中还有一种特殊类型的数字常量 NaN，即"非数值"。当程序由于某种原因计算错误后，将产生一个没有意义的数，此时 JavaScript 返回的数值就是 NaN。

(2) 空值(null)。null 是 JavaScript 语言的关键字，表示一个特殊值，常用来描述"空值"。需要注意的是，null 不等同于空字符串("")和数字 0。null 和 undefined 的区别是：null 表示一个变量被赋予了一个空值，而 undefined 则表示该变量尚未被赋值。

(3) 转义字符。以反斜杠(\)开头的不可显示的特殊字符通常称为控制字符，也称为转义字符。通过转义字符，可以在字符串中添加不可显示的特殊字符，或避免引号匹配混乱。JavaScript 常用的转义字符如表 6-1 所示。

表 6-1　JavaScript 常用的转义字符

转义字符	描　　述	转义字符	描　　述
\b	退格	\v	跳格(Tab、垂直)
\n	回车换行	\r	换行
\t	跳格(Tab、水平)	\\	反斜杠
\f	换页	\000	八进制整数，范围是 000~777
\'	单引号	\xHH	十六进制整数，范围是 00~FF
\"	双引号	\uhhh	十六进制编码的 Unicode 字符

在 document.write()语句中使用转义字符时，只有将其放在格式化文本标记<pre></pre>中才会起作用。

【例 6-5】应用字符串换行转义字符。JavaScript 代码如下：

```
<script>
document.write("<pre>");
document.write("欢迎进入\nJavaScript 世界！");
document.write("</pre>");
</script>
```

以上代码在浏览器中的运行结果如图 6-4 所示。

如果上述代码不使用<pre></pre>标记，则转义字符不起作用，则不会换行，程序运行结果如图 6-5 所示。

图 6-4　应用字符串换行转义字符的运行结果　　　图 6-5　不使用<pre></pre>标记的运行结果

6.3　表达式与运算符

6.3.1　表达式

　　表达式(expression)是 JavaScript 中一个语句的集合，JavaScript 解释器可以计算表达式，计算结果是一个单一的值，该值可以是布尔值、数字、字符串或对象类型。程序中的常量是最简单的一类表达式，变量名也是一种简单的表达式。复杂表达式是由简单表达式通过使用运算符组成的。

　　例如，表达式 a=0 是将数字 0 赋给变量 a，该表达式的计算结果为 0。一旦将 0 赋值给 a 的任务完成，则 a 也将是一个合法的表达式。除了这种赋值运算符，还有许多用来形成一个表达式的运算符，如算术运算符、逻辑运算符等。

6.3.2　运算符

　　运算符是完成一系列操作的符号，运算符操作的数据叫操作数，运算符与操作数组成的式子叫表达式。JavaScript 运算符按连接的操作数数目的不同，可分为一元运算符、二元运算符和三元运算符三种。运算符可以连接不同数据类型的操作数，可分为算术运算符、逻辑运算符、关系运算符、赋值运算符等，下面详细介绍这些运算符。

1．算术运算符

　　算术运算符在程序中可以进行加、减、乘、除等运算，在 JavaScript 中，常用的算术运算符如表 6-2 所示。

表 6-2　算术运算符

算术运算符	描　述	算术运算符	描　述
+	加	%	求模
-	减	++	递增
*	乘	--	递减
/	除		

　　【例 6-6】使用算术运算符。JavaScript 代码如下：

```
<script>
  var x=65, y=4;
  document.write("x=", x, "  y=", y, "<br />");
  document.write("x + y=", x + y, "<br />");
  document.write("x / y=", x / y, "<br />");
  document.write("x % y=", x % y, "<br />");
  document.write("x / 0=", x / 0, "<br />");
  document.write("x % 0=", x % 0, "<br />");
  document.write("x++ =", x++, "<br />");
  document.write("++x =", ++x, "<br />");
  document.write("x-- =", x--, "<br />");
  document.write("--x =", --x, "<br />");
  document.write('"65" + 4 =', "65" + 4, "<br />");
  document.write('"65" - 4 = ',"65" - 4, "<br />");
</script>
```

以上代码在浏览器中的运行结果如图 6-6 所示。

图 6-6　使用算术运算符的运行结果

说明

　① 递增运算符(++)有两种不同取值顺序的运算，x++是先取值，后递增 1；++x 是先递增 1，后取值。递减运算符(--)同理。

　② 加法运算符(+)在字符串运算中可以作为连接运算符。

　③ -、*、/、% 只能用于数值类型的表达式计算，如果不是，则自动转成数值型后再参与运算。

【例 6-7】字符串和数值进行加法运算。JavaScript 代码如下：

```
<body>
  <script type="text/javascript">
    x = 6 + 6;
    document.write("6+6 的运算结果: ", x);
    document.write("<p>");
    x = "6" + "6";
    document.write('"6"+"6"的运算结果: ', x);
    document.write("<p>");
```

```
    x = 6 + "6";
    document.write('6+"6"的运算结果:', x);
    document.write("<p>");
    x = "6" + 6;
    document.write('"6"+6 的运算结果', x);
    document.write("<p>");
  </script>
  <h3>规则是: </h3>
  <p><strong>如果把数字与字符串相加, 结果将成为字符串。</strong></p>
</body>
```

以上代码在浏览器中的运行结果如图 6-7 所示。

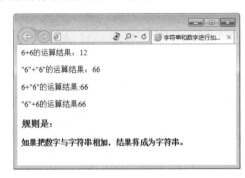

图 6-7 字符串和数值进行加法运算的运行结果

2. 关系运算符

利用关系运算符先对操作数进行比较, 如大小比较、是否相等比较, 该操作数可以是数值或字符串, 然后返回一个布尔值(true 或 false)。JavaScript 程序中常用的关系运算符如表 6-3 所示。

表 6-3 关系运算符

关系运算符	描　述	关系运算符	描　述
<	小于	==	等于
>	大于	===	全等于
<=	小于或等于	!=	不等于
>=	大于或等于	!==	不全等于

【例 6-8】使用比较运算符。JavaScipt 代码如下:

```
<script>
  document.write("5 < 25: ", 5 < 25, "<br>");
  document.write("'5' > '25': ", 5 > 25, "<br>");
  document.write("'5' == 5: ", '5' == 5, "<br>");
  document.write("'5' === 5: ", '5' === 5, "<br>");
  document.write("'25' != 25: ", '25' != 25, "<br>");
  document.write("'25' !== 25: ", '25' !== 25, "<br>");
  document.write("NaN < 25: ", NaN < 25, "<br>");
</script>
```

以上代码在浏览器中的运行结果如图 6-8 所示。

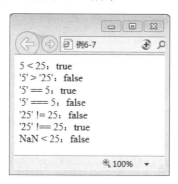

图 6-8　使用比较运算符的运行结果

3．逻辑运算符

逻辑运算符用于布尔型数据的逻辑运算，结果返回一个布尔值(true 或 false)。由于关系运算符的返回值为布尔型数据，所以逻辑运算符常与关系运算符配合使用。

JavaScript 程序中常用的逻辑运算符如表 6-4 所示。

表 6-4　JavaScript 程序中常用的逻辑运算符

逻辑运算符	描　　述
&&	逻辑与，常用来连接两个关系表达式，两个结果都为 true 时，整个表达式才为 true
||	逻辑或，连接的两个表达式结果只要有一个为 true，整个表达式就为 true
!	逻辑非，是一元运算符，将操作数求反

【例 6-9】使用逻辑运算符。JavaScript 代码如下：

```
<script>
 document.write(
   "56 < 57 && 57>7 || 34>56 : ", 56 < 57 && 57>7 || 34>56, "<br />");
 document.write(" !56 < 57: ", !56 < 57, "<br />");
 document.write(" !(56 < 57): ", !(56 < 57), "<br />");
 document.write(" !(56 < 57) || 57>7 && 34>56: ",
   !(56 < 57) || 57>7 && 34>56, "<br />");
</script>
```

以上代码在浏览器中的运行结果如图 6-9 所示。

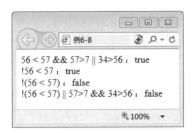

图 6-9　使用逻辑运算符的运行结果

　　在使用逻辑运算符时，操作数为空类型(null)时，可以看作 false 值，操作数为未定义类型(undefined)时，同样看作 false 值。

4．赋值运算符

JavaScript 使用"="运算符来给变量或者属性赋值。例如：

```
i = 0;    //将数值 0 赋值给变量 i
```

其中，等号(=)右边的操作数可以是任意类型的值。

　　复合赋值运算符是运算与赋值两种运算的复合，先运算、后赋值，用于简化程序的书写，提高运算效率。JavaScript 中常用的复合赋值运算符如表 6-5 所示。

表 6-5　JavaScript 中常用的复合赋值运算符

赋值运算符	描　　述
=	将右边表达式的值赋给左边的变量。例如 i=0
+=	将运算符左侧的变量加上右侧表达式的值赋给左侧的变量，即 m+=n，等价于 m=m+n
-+	将运算符左侧的变量减去右侧表达式的值赋给左侧的变量，即 m-=n，等价于 m=m-n
*=	将运算符左侧的变量乘以右侧表达式的值赋给左侧的变量，即 m*=n，等价于 m=m*n
/=	将运算符左侧的变量除以右侧表达式的值赋给左侧的变量，即 m/=n，等价于 m=m/n
%=	将运算符左侧的变量与右侧表达式的值求模后结果再赋给左侧的变量

【例 6-10】使用复合赋值运算符。JavaScript 代码如下：

```
<script>
    var x=65, y=38;
    y += x;
    document.write("x=", x, "  y=", y, "<br />");
    y -= 23;
    document.write("y=", y, "<br />");
    x += 4 + 7;
    document.write("x=", x, "<br />");
    x /= 2;
    document.write("x=", x, "<br />");
    (x += 4) + 7;
    document.write("x=", x, "<br />");
</script>
```

以上代码在浏览器中的运行结果如图6-10所示。

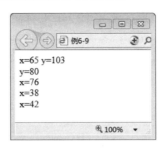

图 6-10　使用复合赋值运算符的运行结果

5．条件运算符

条件运算符是 JavaScript 中唯一的一个三元运算符，运算符写作"?:"。使用该运算符可以方便地由逻辑表达式的真假值得到各自对应的取值，其语法格式如下：

表达式? 结果 1 ：结果 2

如果表达式的值为 true，则整个表达式的值为"结果 1"，否则为"结果 2"。此条件运算符可以实现嵌套。

【例 6-11】使用条件运算符。JavaScript 代码如下：

```
<script>
    var sex = true;
    document.write("sex = ", sex ? '男' : '女', "<br>");
    sex = false;
    document.write("sex = ", sex ? '男' : '女', "<br>");
    var level = 2;
    document.write("level = ", level, "<br>");
    document.write(
        level == 1 ? "优" :
        level == 2 ? "良" :
        level == 3 ? "中" :
        level == 4 ? "及" : "差", "<br />");
</script>
```

以上代码在浏览器中的运行结果如图6-11所示。

图 6-11　使用条件运算符的运行结果

6．位操作运算符

在进行位操作运算之前，须将操作数转换为 32 位的二进制整数，然后再进行相关运算，最后对输出结果以十进制表示。JavaScript 中常用的位操作运算符如表 6-6 所示。

表 6-6　位操作运算符

位操作运算符	描　述	位操作运算符	描　述
&	与	<<	左移
|	或	>>	带符号右移
^	异或	>>>	填 0 右移
~	非		

7．typeof 运算符

typeof 运算符的作用是返回其操作数当前的数据类型，用于判断一个变量是否已被定义。typeof 运算符把数据类型信息用字符串形式返回，返回值有 6 种：number、string、boolean、object、function 和 undefined。

8．逗号运算符

使用逗号运算符，可以在一条语句中连接几个表达式，整体表达式的值为最右边表达式的值，如表达式 2>3,2+3,2*3 运算结果为 6。逗号运算符的优先级最低。

9．new 运算符

new 运算符是用来创建一个新对象的。
语法格式如下：

```
new constructor[(arguments)]
```

constructor：必选项，对象的构造函数，如果构造函数没有参数，则可以省略括号。
arguments：可选项，任意传递给新对象构造函数的参数。

例如，使用 new 运算符创建新对象，代码如下：

```
Array1 = new Array();
Date2 = new Date("October 22 2016");
Object3 = new Object;
```

10．运算符的优先级

在一个表达式中，可能包含多个运算符，不同的运算顺序可能得出不同结果，甚至出现运算错误。JavaScript 中的运算符都有明确的优先级和结合性，必须按一定顺序进行结合，才能保证运算的合理性和结果的正确性、唯一性。表达式的结合次序取决于表达式中各个运算符的优先级，优先级高的运算符先结合，优先级低的运算符后结合。JavaScript 中运算符的优先级和结合性如表 6-7 所示。

表 6-7　JavaScript 中运算符的优先级和结合性

优 先 级	结 合 性	运 算 符
最高	向左	[ ]、（ ）
	向右	++、--、-、！、delete、new、typeof、void
	向左	*、/、%
	向左	+、-
	向左	<<、>>、>>>
	向左	<、<=、>、>=、in、instanceof
	向左	==、!=、===、!===
	向左	&
	向左	^
	向左	|
	向左	&&
	向左	||
	向右	? :
	向右	=
	向右	*=、/=、%=、+=、-=、<<=、>>=、>>>=、&=、^=、|=
最低	向左	,

6.4 流程控制语句

结构化编程语言有三种基本结构：顺序结构、分支结构和循环结构。顺序结构是最简单的一种结构，程序的执行顺序就是程序的书写顺序。前面的各个示例都是顺序结构，以下主要介绍分支结构和循环结构。

6.4.1 分支结构

JavaScript 中分支语句有两种：if...else...分支语句；switch...case...分支语句。用来对语句中不同条件的值进行判断，然后根据不同的条件执行不同的语句。

1．if...else...分支语句

if 条件判断语句是最基本、最常用的流程控制语句，可以根据 if 后面括号中的条件表达式的值(是一个布尔值，即只能为 true 或 false)执行相应的处理，条件必须放在 if 后面的圆括号中。语法格式如下：

```
if(expression){
    statement1}
else{
    statement2}
```

expression：必选项，用于指定条件表达式，可以使用逻辑运算符。statement1：用于指定要执行的语句序列。当 expression 的值为 true 时，执行该语句序列。statement2：用于指定要执行的语句序列。当 expression 的值为 false 时，执行该语句序列。

> **说明**
>
> 　上述 if 语句是典型的二选一分支结构，其中 else 部分可以省略，而且 statement1 为只有一行要执行的语句时，其两边的大括号也可以省略。

【例 6-12】使用 if...else...分支语句。JavaScript 代码如下：

```
<script>
   var num = 100;
   if (num > 100) {
      alert(num + "大于100");}
   else {
      alert(num + "小于或等于100");}
<script>
```

以上代码在浏览器中的运行结果如图 6-12 所示。

图 6-12　使用 if...else...分支语句的运行结果

除了 if...else...形式外，还可以使用 if...else if...语句，进行多条件判断，以选择不同的程序执行路线。根据所设立的条件不同，将执行不同的程序代码，在网页中可用于判断不同情况下网页产生的不同行为。

【例 6-13】使用 if...else if...语句。核心代码如下：

```
<body>
  <p>单击这个按钮，获得基于时间的问候。</p>
  <button onclick="myFunction()">单击这里</button>
  <p id="demo"></p>
  <scriptlanguage="javascript">
   function myFunction(){
     var x = "";
     var time = new Date().getHours();
     if (time<20)
       x = "Good day";
     else
       x = "Good evening";
     document.getElementById("demo").innerHTML = x;
   }
  </script>
<body>
```

以上代码在浏览器中的运行结果如图 6-13 所示。本例中，if 和 else 后面的语句都省略了大括号。

图 6-13 使用 if…else if…语句的运行结果

2．switch…case…语句

switch…case…语句是多分支语句，用于根据不同的条件执行不同的语句，作用相当于 if…else if…语句。使用 switch 语句时，表达式的值将与每个 case 语句中的常量相比较，若相匹配，则执行 case 语句后的代码；如果没有一个 case 的常量与表达式的值相匹配，则执行 default 语句。

【例 6-14】使用 switch…case…语句。JavaScript 代码如下：

```javascript
<script>
  var now = new Date();
  var day = now.getDay();
  var week;
  switch(day){
  case 1:
     week = "星期一";
     break;
  case 2:
      week = "星期二";
      break;
  case 3:
      week = "星期三";
      break;
  case 4:
      week = "星期四";
      break;
  case 5:
      week = "星期五";
      break;
  case 6:
     week = "星期六";
     break;
  default:
     week = "星期日";
     break;
  }
  document.write("今天是" + week);
</script>
```

以上代码在浏览器中的运行结果如图 6-14 所示。

图 6-14　使用 switch…case…语句的运行结果

> **注意**
>
> 在实际程序开发的过程中，通常，对于判断条件较少的，可以使用 if 语句，而在一些多条件的分支语句中，最好使用 switch 语句。

6.4.2　循环结构

在程序开发的过程中，常会遇到一行或几行代码需要执行多次的情况，这就需要使用循环控制语句来完成。几乎所有的程序都包含循环语句，循环就是一组重复执行的程序段，重复次数由循环条件决定，反复执行的程序段称为循环体。要构建一个正常的循环，必须有 4 个基本要素：循环变量初始化、循环条件、循环体和改变循环变量的值。JavaScript 语言的循环控制语句有 while 语句、do…while 语句、for 语句等。

1. while 语句

while 语句根据循环条件是否满足来决定是否执行循环体，当循环条件为 true 时，重复执行循环体，直到条件为 false 时终止循环。所以，当循环次数不固定时，最好使用 while 语句。

while 语句的语法格式如下：

```
while(expression){
    statement;
}
```

expression：包含比较运算符的条件表达式，用于指定循环条件。statement：用来指定循环体，在循环条件的结果为 true 时，重复执行。while 循环语句也称为前测试循环，即先判断条件，后执行语句。

【例 6-15】使用 while 语句完成循环操作。核心代码如下：

```
<body>
 <p>单击下面的按钮，只要 i 小于 5 就一直循环代码块。</p>
 <button onclick="myFunction()">单击这里</button>
 <p id="demo"></p>
 <scriptlanguage="javascript">
  function myFunction(){
    var x="",i=0;
    while (i<5) {
```

```
      x = x + "The number is " + i + "<br>";
      i++; }
    document.getElementById("demo").innerHTML = x;
  }
  </script>
</body>
```

以上代码在浏览器中的运行结果如图 6-15 所示。

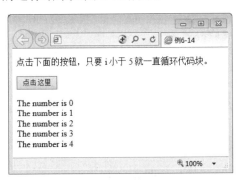

图 6-15　使用 while 语句完成循环操作的运行结果

> **注意**
>
> 　循环体中一定要有改变循环变量值的语句，否则该循环永远不会结束，可能会导致浏览器崩溃。

2．do…while 语句

do…while 语句和 while 语句很相似，不同之处是 do…while 语句先执行循环体，再判断循环条件，语法格式如下：

```
do{
    statement;
}while(expression);
```

> **注意**
>
> 　do…while 语句结尾处的 while 语句括号后面有一个分号(;)，在书写的时候不要漏掉，否则 JavaScript 会认为循环语句是空语句，循环体将一次也不会执行，并且程序会陷入死循环。

读者请将例 6-15 中的循环改用 do…while 语句来实现，运行结果与图 6-15 所示一致。

3．for 循环

for 循环和 while 循环、do…while 循环语句一样，可以重复执行一个语句块，直到循环条件返回值为 false。for 语句的语法格式如下：

```
for(initialize;expression1;expression2){
    statement;
}
```

initialize：初始化语句，用来对循环变量初始化赋值。expression1：循环条件，是一个条件表达式，用于限定循环变量的边界。expression2：用于改变循环变量的值。

【例 6-16】使用 for 语句完成循环操作。核心代码如下：

```html
<body>
    <p>单击下面的按钮，将代码块循环五次：</p>
    <button onclick="myFunction()">单击这里</button>
    <p id="demo"></p>
    <script language="javascript">
      function myFunction(){
        var x = "";
        for (var i=0; i<5; i++) {
          x = x + "The number is " + i + "<br>"; }
          document.getElementById("demo").innerHTML = x;
        }
    </script>
</body>
```

以上代码在浏览器中的运行结果如图 6-16 所示。

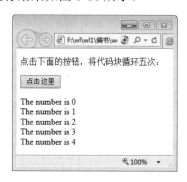

图 6-16　使用 for 语句完成循环操作的运行结果

4．for…in 循环

for…in 循环的语法格式如下：

```
for(variable in object){
    statement;
}
```

variable 是指一个变量；object 是指对象名，或计算结果为对象的表达式。for…in 循环语句主要用于遍历数组或集合的元素。

【例 6-17】使用 for…in 循环遍历集合。核心代码如下：

```html
<body>
  <p>单击下面的按钮，循环遍历对象 "person" 的属性。</p>
  <button onclick="myFunction()">单击这里</button>
  <p id="demo"></p>
  <scriptlanguage="javascript">
    function myFunction(){
    var x;
    var txt = "";
```

```
    var person = {fname:"Bill",lname:"Gates",age:56};
    for (x in person){
      txt=txt + person[x];}
    document.getElementById("demo").innerHTML=txt;}
  </script>
</body>
```

以上代码在浏览器中的运行结果如图 6-17 所示。

图 6-17　使用 for...in 循环遍历集合的运行结果

5．continue 和 break 语句

循环语句的执行利用了计算机强大的计算能力，几乎是瞬间完成的，难于在循环的过程中根据情况不同做出循环执行顺序的变化，JavaScript 提供了 break 和 continue 语句进行循环控制。

1）　continue 语句

continue 语句只用在循环语句中，控制循环体提前终止本次循环，继续下一次循环。

2）　break 语句

break 语句用于退出循环体，不再继续该循环，或退出一个 switch 语句。

continue 语句和 break 语句一般都用于循环体内的分支语句，不使用分支语句则这些语句是没有意义的。

6.5　JavaScript 函数

6.5.1　函数的定义

程序设计人员在进行复杂的程序设计时，通常根据所要完成的功能，将程序按功能划分为一些相对独立的部分，每部分"封装"成一个函数。从而使各部分充分独立，任务单一，可重复使用。从而让整个程序清晰、易懂、易读、易维护。

所以，函数是具有名字的能执行特定任务的语句块，通过调用函数的方式让这些语句块重复执行。函数还可以通过引发事件，将 JavaScript 语句同一个 Web 页面连接，间接地实现一个函数的调用，这种调用也称为事件处理。

在使用函数之前，必须先定义函数，定义函数的语法格式如下：

```
<script language="Javascript">
    function 函数名(参数表){
       statements;
       return expression;
```

```
    }
</script>
```

function 是关键字，用来定义函数。函数名：必选项，在同一个页面中，函数名必须唯一，并且区分大小写。参数表：可选项，当使用多个参数时，参数间使用逗号分隔。statements：必选项，是函数体，是用于实现函数功能的语句块。return：用来将值返回。expression：可选项，用于返回函数值。

6.5.2 函数的调用

函数定义后并不会自动执行，必须调用函数，这样函数体内的语句块才会执行。在JavaScript 中调用函数的方法有 4 种：直接调用、在事件中调用、通过超链接调用和其他函数调用。调用语句包含函数名称和具体的参数值。

1. 直接调用

函数的定义一般放在 HTML 文档中的<head>标记中，而函数的调用语句通常放在<body>标记中，因为如果在函数定义之前调用函数，程序执行将会出错。直接调用函数的方式，一般比较适合没有返回值的函数。

函数调用的语法格式如下：

```
<html>
<head>
<script language="javascript">
    function 函数名(参数表){        //定义函数
        函数体;
    }
</script>
</script>
<body>
<script language="javascript">
函数名(参数表);                      //调用函数
</script>
</body>
</html>
```

> **说明**
>
> 定义函数时指定的参数称为形式参数，简称形参，代表函数的位置和类型，系统并不为形参分配相应的存储空间；函数调用时的参数称为实际参数，简称实参，实参在调用函数之前就已经被分配了内存空间，并赋予了实际的值。实参对形参的值传递是单向传递的，即只能由实参传递给形参，而不能由形参传递给实参。

【例 6-18】函数的直接调用。代码如下：

```
<!doctype html>
<html>
<head>
 <meta charset="utf-8">
 <title>例 7-1</title>
```

```
  <script language="javascript">
   function displayTaggedText(tag,text){
     document.write("<" + tag + ">");
     document.write(text);
     document.write("</" + tag + ">");
   }
</script>
</head>
<body>
  <script language="javascript">
   displayTaggedText("H1","这是一级标题");
   displayTaggedText("p","这是段落标签");
  </script>
</body>
</html>
```

以上代码在浏览器中的运行结果如图 6-18 所示。

图 6-18　函数的直接调用的运行结果

2．在事件中调用函数

JavaScript 是基于事件的程序语言，当页面加载、用户单击某个按钮或移动鼠标时，就会触发事件，需要通过编写程序来响应用户触发的事件。因此，可以将函数与事件相关联，来完成响应事件的过程。在事件中调用函数的格式如下：

```
事件名="函数名"
```

【例 6-19】在单击事件中调用函数，定义函数代码如下：

```
<script>
  function welcome(){
    var count = document.form1.txtCount.value;
    for(i=0;i<count;i++)
      document.write("<p>welcome</p>");
  }
</script>
```

调用函数的代码如下：

```
<body>
  <form name="form1">
    <input type="text" name="txtCount" />
    <input type="button" value="显示" onClick="welcome()"
  </form>
</body>
```

以上代码在浏览器中的运行结果如图 6-19 和图 6-20 所示。

图 6-19　程序运行后的初始界面

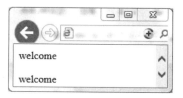

图 6-20　调用函数后的界面

3．通过超链接调用函数

在超链接中调用函数，是通过标记<a>中的 href 属性，使用 JavaScript 关键字来调用函数。当用户点击超链接时，相关函数将被执行。

将例 6-19 的函数调用改成超链接调用，代码如下：

```
<a href="javascript:welcome();">显示</a>
```

其运行结果与例 6-19 的类似。

6.5.3　使用函数的返回值

在 JavaScript 中，函数不仅是一种语法，也可以是一个确定的值。通过函数传递参数，可以在自定义函数中对传递的参数进行运算，得到运算结果，可以将函数的返回值赋给变量、数组等，也可以作为参数传给另外一个函数。函数的返回值是通过函数中的 return 语句获得的。return 语句的格式有如下两种：

```
return;
return 表达式;
```

第一条 return 语句类似于系统自动添加，返回值为 undefined，不推荐使用；第二条 return 语句将返回表达式的值。

【例 6-20】使用函数返回值。代码如下：

```
<body>
    <p>本例调用的函数会执行一个计算，然后返回结果为: </p>
    <p id="demo"></p>
    <script>
    function myFunction(a,b,c){
        var values;
        if(c=="+") values = a + b;
        if(c=="-") values = a - b;
        if(c=="*") values = a * b;
        if(c=="/"&&y!=0) values = a/b;
        return values;
    }
    document.getElementById("demo").innerHTML = myFunction(4,3,"*");
    </script>
</body>
```

以上代码在浏览器中的运行结果如图 6-21 所示。

图 6-21　使用函数返回值的运行结果

6.5.4　函数的嵌套

函数嵌套在 JavaScript 中的应用很常见，嵌套函数是在函数内部再定义一个函数，来获得外部函数的参数以及函数的全局变量等。

【例 6-21】函数嵌套的应用。代码如下：

```html
<html>
  <head>
    <meta charset="utf-8">
    <title>函数嵌套</title>
    <script language="javascript">
      function f1(){
        function f2(){
          var a = 5;
          var b = a + 3;
          return a+b;
        }
        var a = 100;
        var b = Math.sqrt(a);
        return b+f2();
      }
    </script>
  </head>

  <body>
    <script>
      document.write("函数的返回值为：", f1());
    </script>
  </body>
</html>
```

以上代码在浏览器中的运行结果如图 6-22 所示。

图 6-22　函数嵌套应用的运行结果

6.5.5 内置函数

1．内置函数概述

JavaScript 中除了自定义函数外，系统还提供了很多内置函数，这些函数可以借 JavaScript 程序直接调用。JavaScript 中的内置函数如表 6-8 所示。

表 6-8　JavaScript 中的内置函数

函　　数	描　　述
eval()	求字符串中表达式的值
isFinite()	判断一个数值是否为无穷大
isNaN	判断一个数值是否为 NaN
parseInt()	将字符型转化为整型
parseFloat()	将字符型转化为浮点型
encodeURL()	将字符串转化为有效的 URL
decodeURL()	对 encodeURL()编码的文本进行解码

2．几种常用的内置函数

下面对常用的内置函数进行详细介绍。

1）　eval()函数

该函数的主要功能是计算某个字符串，并执行其中的 JavaScript 代码，例如：

```
document.write(eval("24+2"));              //输出 26
```

> **注意**
>
> eval()函数的参数必须是 string 类型，否则该方法将不做任何改变地返回。

2）　isFinite()函数

该函数用于检验参数是否为无穷大，如果是有限数值，则返回 true；如果是 NaN，或者是正、负无穷大的数，则返回 false。例如：

```
isFinite(-999);          //返回 true
isFinite("abc");         //返回 false
isFinite(12/0);          //返回 false
```

3）　isNaN()函数

该函数主要检验某个值是否为非数值(NaN)。例如：

```
isNaN(12)                //返回 false
isNaN("2016-12-2");      //返回 true
```

4）　parseInt()函数

该函数用于将首位为数字的字符串转化为整型数，如果字符串不是以数字开头的，则返回 NaN。例如：

```
parseInt("123");              //返回值为123
parseInt("1a2");              //返回值为1
parseInt("abc");              //返回 NaN
```

5) parseFloat()函数

该函数用于将首位为数字的字符串转化为浮点数，如果字符串不是以数字开头的，则返回 NaN。

6.6 上机实训：制作简易计算器

1．功能

制作能对两个操作数进行加、减、乘、除运算功能的简易计算器。

2．设计思路

(1) 使用 HTML 标记构建计算器的结构，利用 CSS 修饰计算器的样式。

(2) 编写 JavaScript 脚本，完成计算器的简单计算功能。

3．运用到的知识点

JavaScript 数据类型、变量、程序控制语句、函数等知识，本例还涉及后续章节要学习的事件等知识。

4．编写 HTML 代码

使用<div>标记定义计算机整体结构。HTML 代码如下：

```
<body>
  <div class="container">
    <div class="div_img1">
    <img src="logo.jpg">
    </div>
    <form action="" method="post" name="myform" id="myform">
    <P>第一个数
    <input name="num1" type="text" id="num1" size="25">
    <p>
    第二个数
    <input name="num2" type="text" id="num2" size="25">
    <P>
    <input name="addButton" type="button" value="  +  "
       onClick="compute('+')">
    <input name="subButton" type="button" value="  -  "
       onClick="compute('-')">
    <input name="mulButton" type="button" value="  ×  "
       onClick="compute('*')">
    <input name="divButton" type="button" value="  ÷  "
       onClick="compute('/')">
    <P>计算结果
    <input name="result" type="text" id="result" size="25">
    </P>
```

```
   </form>
  </div>
</body>
```

5. 添加 CSS 代码

修饰计算器的显示样式。CSS 代码如下：

```
<style type="text/css">
 .container{background-color:#f2eada;
  border: 1px solid #999;
  width:280px;
  height:320px;
  text-align:center;
  box-shadow: 0px 0px 3px #333, 0 10px 15px #eee inset;}

 .div_img1{height:150px;
  width:280px;
  background-color:#FFF;
  overflow:hidden;}

 input{border:1px solid #aaa;
  box-shadow: 0px 0px 3px #ccc, 0 10px 15px #eee inset;
  border-radius:2px;}

 p{color:#f47920;}
</style>
```

6. 编写 JavaScript 代码

实现计算器的计算功能。JavaScript 代码如下：

```
<script language="javascript">
 function compute(op){
    var num1, num2;
    num1 = document.myform.num1.value;
    num2 = document.myform.num2.value;
    if (op=="+")
      document.myform.result.value = parseInt(num1) + parseInt(num2);
    if (op=="-")
      document.myform.result.value = num1 - num2;
    if (op=="*")
      document.myform.result.value = num1 * num2;
    if (op=="/"  && num2!=0)
      document.myform.result.value = num1 / num2;
 }
</script>
```

其中，当 op=="+"时，会将用户输入的数字当成字符串，则 num1+num2 中 "+" 是连接运算符，而不是执行加法运算。如何解决？JavaScript 中有 parseInt()和 parseFloat()两个函数，它们可以将字符串转换为整型或浮点型数值，例如 parseInt("23")将字符串"23"转换为数值型 23，代码修改后如下：

```
document.myform.result.value = parseInt(num1) + parseInt(num2);
```

相关代码在浏览器中的运行结果如图 6-23 所示。

图 6-23   运行结果

本 章 小 结

本章主要让读者认识 JavaScript 脚本语言，掌握 JavaScript 在网页中的使用方法。JavaScript 的语言基础，包括了基本的语法、数据类型、变量、表达式及运算符等语言基础知识，掌握这些后进而学习 JavaScript 程序设计流程，为学习接下来的内容打一个良好的基础。本章还讲解了 JavaScript 中函数的使用，包括定义函数、调用函数、使用函数的参数和返回值、内置函数，在程序设计中经常会使用函数，这有利于程序代码的维护与修改。

自 测 题

一、单选题

1. 可以在下列哪个 HTML 标记中放置 JavaScript 代码？(   )
    A. \<script>   B. \<javascript>   C. \<js>   D. \<scripting>
2. 在浏览器上显示"Hello World"的正确 JavaScript 语法是(   )。
    A. ("Hello World")   B. "Hello World"
    C. response.write("Hello World")   D. document.write("Hello World")
3. 插入 JavaScript 的正确位置是(   )。
    A. \<body>部分   B. \<head>部分
    C. \<script>部分   D. \<body>部分和\<head>部分均可
4. 外部脚本必须包含\<script>标签吗？(   )
    A. 是   B. 否
5. 引用名为 xxx.js 的外部脚本的正确语法是(   )。
    A. \<script src="xxx.js">   B. \<script href="xxx.js">

C. <script name="xxx.js">　　　　　D. <script link="xxx.js">

6. 如何在警告框中写入"hello world"？(　　)

A. alertBox="hello world"　　　　B. msgBox("hello world")

C. alert("hello world")　　　　　D. alertBox("hello world")

7. 如何编写当 i=5 时执行一些语句的条件语句？(　　)

A. if(i==5)　　B. if i=5 then　　C. if i=5　　D. if i==5 then

8. 创建对象使用的关键字是(　　)。

A. function　　B. new　　　C. var　　　D. string

9. 以下单词中，不属于 JavaScript 保留字的是(　　)。

A. with　　　B. new　　　C. class　　　D. void

10. 关于 JavaScript 函数的格式，下列各组成部分中，(　　)是可以省略的。

A. 函数名　　　　　　　　B. 指明函数的一对圆括号()

C. 函数体　　　　　　　　D. 函数参数

11. 如果有函数定义 function f(x,y){…}，那么以下正确的函数调用是(　　)。

A. f1,2　　　B. (1)　　　C. f(1,2)　　　D. f(,2)

12. 定义函数时，在函数名后面的圆括号内可以指定(　　)参数。

A. 0个　　　B. 1个　　　C. 2个　　　　D. 任意个

二、编程题

1. 编写 JavaScript 程序，实现如下功能：当时间小于 18:00 时，将问候"Good day"，否则将问候"Good night"。

2. 利用 JavaScript 函数完成以下功能：在网页中添加一个按钮，按钮上显示"点击这里"；当鼠标单击按钮时，弹出一个对话框，显示"hello world"。

第 7 章

JavaScript 中的对象

本章要点

(1) JavaScript 常用的内置对象;

(2) JavaScript 常用的文档对象;

(3) JavaScript 常用的窗口对象。

学习目标

(1) 理解文档对象模型 DOM;

(2) 掌握使用常用的内置对象、文档对象、窗口对象。

7.1 JavaScript 的常用内置对象

JavaScript 是一种基于对象的编程语言，JavaScript 将一些常用功能预先定义成对象，用户可以直接使用，这就是内置对象。下面介绍常用的内置对象：数组对象、字符串对象、数学对象和日期对象。

7.1.1 数组对象

数组是有序数据的集合，每个值叫作元素，数组能够容纳元素的数量，称为数组的长度。数组中的每一个元素都具有唯一的索引(或称为下标)与其相对应，在 JavaScript 中，下标从零开始。JavaScript 数组是最常使用的对象之一，有多种预定义的方法来方便程序员使用。JavaScript 中的数组是弱类型，在同一个数组中，可以存放多种类型的元素，而且长度可以动态调整。

1. 数组对象的创建

在使用数组之前，需用关键字 new 新建一个数组对象，并用变量存储数组对象的值。创建数组对象有以下三种方法。

(1) 利用无参数构造函数，创建一个空数组。语法格式如下：

```
var 变量名 = new array();
```

例如，声明一个空数组 arr1：

```
var arr1 = new array();
```

(2) 新建一个指定长度为 n 的数组(由于数组长度可以动态调整，作用并不大)。语法格式如下：

```
var 变量名 = new array(n);
```

例如，声明一个长度为 6 的数组 arr2：

```
var arr2 = new array(6);
```

(3) 用带初始化数据的构造函数，创建数组并给元素赋值。语法格式如下：

```
var 变量名 = new Array(元素 1,元素 2,元素 3,...);
```

例如，声明数组 arr3，并且赋值：

```
var arr3 = new Array(6, "welcome", "2016-12-2");
```

数组 arr3 包含三个元素：arr3[0]、arr3[1]、arr3[2]，元素值分别为 6，"welcome"，"2016-12-2"。注意，这三个元素值的数据类型并不相同。

2. 访问数组对象

JavaScript 中，数组元素序列是通过下标来标识的，这个下标序列是从 0 开始计算的，然后依次递增。可以通过数组的下标给数组元素赋值或取值，其语法格式如下：

```
数组变量名[i] = 值;              //给数组元素赋值
变量名 = 数组变量[i];           //从数组变量中取值赋给变量
```

【例 7-1】访问数组对象。JavaScript 代码如下：

```
<script>
    var mycars = new Array()
    mycars[0] = "Saab";
    mycars[1] = "Volvo";
    mycars[2] = "BMW";
    document.write("显示数组元素的值: " + "<br>");
    for(var i=0; i<mycars.length; i++)
        document.write("mycars[",i,"]=", mycars[i], "<br>");
</script>
```

以上代码在浏览器中的运行结果如图 7-1 所示。

图 7-1　访问数组对象的运行结果

借助 for 语句或 for…in 语句对数组元素赋值或取值操作，即遍历数组。使用 for 语句和 for…in 语句遍历数组元素的结果是一样的，但使用 for 语句时，必须借助数组的 length 属性才能完成遍历。

for…in 语句的语法格式如下：

```
for(var 变量名 in 数组名){
    循环体
}
```

【例 7-2】利用 for…in 语句遍历数组。JavaScript 代码如下：

```
<script>
    var mycars = new Array("Saab", "Volvo", "BMW");
    document.write("显示数组元素的值: " + "<br>");
    for (var x in mycars){
        document.write("mycars[",x,"]=", mycars[x], "<br>");
    }
</script>
```

以上代码在浏览器中的运行结果与图 7-1 所示一致。通过上面两个例子可以看出，使用 for 语句和 for…in 语句遍历数组元素的结果是一致的，相比较而言，for…in 语句在遍历数组时较 for 语句容易。

3. 数组对象的常用属性和方法

数组对象常用的属性是 length，length 表示返回数组对象的长度，也可以表示数组中元素的个数。length 的值随着数组元素的增减而变化，程序员可以修改 length 的值。

例如：

```
var mycars = new Array("Saab", "Volvo", "BMW");          //创建数组
document.write("数组的长度为: ", mycars.length);          //输出数组长度
mycars.length = 2;                                       //修改数组长度为 2
```

在 JavaScript 中，有很多数组对象常用的方法，表 7-1 列举了一些常用的方法。

表 7-1　数组对象的常用方法

方　法	描　述
concat()	连接两个或更多的数组，并返回结果
join()	把数组的所有元素放入一个字符串，并用指定的分隔符进行分隔
pop()	删除并返回数组的最后一个元素
push()	向数组的尾部添加一个或多个元素，并返回长度
shift()	删除并返回数组的第一个元素
unshift()	向数组的开头添加一个或多个元素
slice(开始位置[, 结束位置])	从数组返回选定的元素组成新的数组
splice(位置, 个数)	从数组中删除或替换元素
toString()	把数组转换为字符串，并返回结果
sort()	对数组的元素进行排序
reverse()	将数组反向排序

下面介绍几个常用的数组内置对象方法。

1)　concat()方法

语法格式如下：

```
arrayObject.concat(array1, array2, ...);
```

该方法用于连接两个或更多的数组。

【例 7-3】数组对象方法 concat()的使用。JavaScript 代码如下：

```
<script>
    var arr = new Array(3)
    arr[0] = "one"
    arr[1] = "two"
    arr[2] = "three"
    var arr2 = new Array("four", "five", "six");
    document.write(arr.concat(arr2))
</script>
```

以上代码的运行结果如下：

```
one,two,three,four,five,six
```

2)　join()方法

语法格式如下：

```
arrayObject.join(separator);
```

separator 为可选参数，用于指定分隔符，如逗号。

【例 7-4】数组对象方法 join() 的使用。JavaScript 代码如下：

```
<script>
   var arr = new Array(3);
   arr[0] = "one"
   arr[1] = "two"
   arr[2] = "Three"
   document.write(arr.join());
   document.write("<br />");
   document.write(arr.join("+"));
</script>
```

以上代码在浏览器中的运行结果如图 7-2 所示。

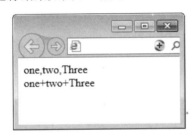

图 7-2　使用数组对象方法 join() 的运行结果

3)　sort() 方法和 reverse() 方法

sort() 方法对数组排序；reverse() 方法将数组中的元素反向排序。

【例 7-5】sort() 方法和 reverse() 方法的使用。JavaScript 代码如下：

```
<script>
   var arr = new Array(4)
   arr[0] = "one"
   arr[1] = "two"
   arr[2] = "Three"
   arr[3] = "four"
   document.write(arr + "<br />");
   document.write(arr.sort() + "<br />");
   document.write(arr.reverse());
</script>
```

以上代码在浏览器中的运行结果如图 7-3 所示。

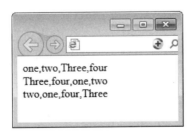

图 7-3　使用 sort() 方法和 reverse() 方法的运行结果

7.1.2 字符串对象

在 JavaScript 中，可以将字符串直接看成字符串对象(String)，不需要任何转换。在对字符串对象操作时，不会改变字符串中的内容。字符串对象是 JavaScript 最常用的内置对象，用来处理或格式化字符串，以及确定和定位字符串中的子字符串。

1．字符串对象的创建

创建字符串对象时，可以用关键字 new 创建，也可以把声明的字符串变量视为字符串对象。

1)　直接声明字符串变量

把声明的变量视为字符串对象，语法格式如下：

```
var 字符串变量名 = 字符串;
```

其中 var 可以省略。

2)　使用 new 来创建字符串对象

语法格式如下：

```
var 变量名 = new String(字符串);
```

例如，下面两种方法都能创建字符串对象，效果是一样的：

```
var str = "welcome";
var str = new String("welcome");
```

2．字符串对象的属性和方法

字符串对象的常用属性是 length，表示字符串长度。例如：

```
var txt = "Hello World!";
document.write(txt.length);                      //该字符串长度是 12
```

> **注意**
>
> 求字符串长度时，空格也占一个字符，一个汉字占一个字符。

表 7-2 是字符串对象常用的方法。

表 7-2　字符串对象常用的方法

方　　法	描　　述
charAt()	返回在指定位置的字符
indexOf()	要查找的字符串在字符串对象中的位置
substring(开始位置, 结束位置)	截取字符串
substr(开始位置[, 长度])	截取字符串
split()	分隔字符串到一个数组中
replace(需替代的字符串, 新字符串)	替代字符串
toLowerCase()	变为小写字母

方　法	描　述
toUpperCase()	变为大写字母
bold()	加粗字符串文本
sub()	将文本显示为下标
sup()	将文本显示为上标

【例 7-6】String 对象常用方法测试。JavaScript 代码如下：

```
<script>
    var str = "I love JavaScript!"
    document.write(str.indexOf("I") + "<br />");
    document.write(str.indexOf("v") + "<br />");
    document.write(str.indexOf("v",8) + "<br />");
    document.write(str.substr(7) + "<br />");
    document.write(str.substr(2,4) + "<br />");
    document.write(str.substring(7) + "<br />");
    document.write(str.substring(2,6) + "<br />");
    document.write(str.charAt(5) + "<br />");
    var mystr = "www.biem.edu.cn";
    document.write(mystr.split(".") + "<br>");
    document.write(mystr.split(".", 2) + "<br>");
</script>
```

以上代码在浏览器中的运行结果如图 7-4 所示。

图 7-4　String 对象常用方法测试

7.1.3　日期对象

在 JavaScript 语言中，没有日期类型的数据，但在程序开发过程中，经常会处理日期，因此，JavaScript 提供了日期对象(Date)来操作日期和时间。

1. 创建日期对象

JavaScript 语言中必须使用关键字 new 来创建日期对象，可以用以下几种方法创建。

1)　new Date()

创建日期对象时不包含任何参数，得到的是当前日期。Date()的首字母必须大写。

2)　new Date(日期字符串)

使用"日期字符串"作为参数，其格式是可以使用 Date.parse()方法识别的任何一种表示日期、时间的字符串，例如"June 10 2016"，"12/2/2016 17:12:12"，"Sat Sep 18 15:22:22 EDT 2016"等。

3)　new Date(年,月,日[时,分,秒,[毫秒]])

使用"年,月,日[时,分,秒,[毫秒]]"作为参数，这些参数都是整数，其中"月"从 0 开始计算，即 0 表示一月，1 表示二月，……，依此类推。方括号中的参数是可选项。

4)　new Date(毫秒)

使用"毫秒"作为参数，该数代表的是从 1970 年 1 月 1 日至指定日期的毫秒数值。

【例 7-7】创建 Date 对象。JavaScript 代码如下：

```
<script>
   var nDate1 = new Date();
   for(var i=0; i<3000000; i++)
    var nDate2 = new Date();
   alert(nDate2 - nDate1);
</script>
```

2. 日期对象的常用方法

日期对象的常用方法可以分为三大组：set 分组、get 分组和 to 分组。set 分组中的方法用于设置时间和日期值；get 分组中的方法用于获得时间和日期值；to 分组中的方法是将日期转换成指定格式。

set 分组中的方法如表 7-3 所示。

表 7-3　set 分组中的方法

方　法	描　述
setDate()	设置 Date 对象中月份的某一天(1~31)
setHours()	设置 Date 对象中的小时(0~23)
setMinutes()	设置 Date 对象中的分钟(0~59)
setSeconds()	设置 Date 对象中的秒数(0~59)
setTime()	设置 Date 对象中的时间值
SetMonth()	设置 Date 对象中的月份(0~11)

get 分组中的方法如表 7-4 所示。

表 7-4　get 分组中的方法

方　法	描　述
getDate()	从 Date 对象返回月份中的某一天(1~31)
getDay()	从 Date 对象返回星期几(0~6)
getHours()	返回 Date 对象中的小时数(0~24)
getMinutes()	返回 Date 对象中的分钟数(0~59)
getSeconds()	返回 Date 对象的秒数(0~59)

方　法	描　述
getMonth()	返回 Date 对象中的月份(0~11)
getFullYear()	返回 Date 对象中的年份，其值为四位数
getTime()	返回 1970 年 1 月 1 日至今的毫秒数

to 分组中的方法如表 7-5 所示。

表 7-5　to 分组中的方法

方　法	描　述
toString()	把 Date 对象转换为字符串
toLocaleString()	根据本地时间格式，把 Date 对象转换为字符串

【例 7-8】显示一个时钟。核心代码如下：

```
<body onLoad="startclock()">
    <script language="JavaScript">
    var timerID = null;
    var timerRunning = false;
    function MakeArray(size){
        this.length = size;
        for(var i=1; i<=size; i++)
        {this[i] = "";}
        return this;
    }
    function stopclock(){
        if(timerRunning)
            clearTimeout(timerID);
        timerRunning = false;
    }
    function showtime(){
        var now = new Date();
        var year = now.getFullYear();
        var month = now.getMonth() + 1;
        var date = now.getDate();
        var hours = now.getHours();
        var minutes = now.getMinutes();
        var seconds = now.getSeconds();
        var day = now.getDay();
        var Day = new Array(
          "星期日", "星期一", "星期二", "星期三", "星期四", "星期五", "星期六");
        var timeValue = "";
        timeValue += year + "年";
        timeValue += ((month<10)? "0" : "") + month + "月";
        timeValue += date + "日　";
        timeValue += (Day[day]) + "　";
        timeValue += ((hours<=12)? hours : hours-12);
        timeValue += ((minutes < 10)? ":0" : ":") + minutes;
        timeValue += ((seconds < 10)? ":0" : ":") + seconds;
        timeValue += (hours < 12)? "上午" : "下午";
```

```
        document.getElementById("tClock").innerHTML = timeValue;
        timerID = setTimeout("showtime()", 1000);
        timerRunning = true;
    }
    function startclock() {
        stopclock();
        showtime()
    }
    </script>
    <div id="tClock"></div>
</body>
```

以上代码中，startclock()函数是通过标记<body>的 onLoad 事件触发的。以上代码在浏览器中的运行结果如图 7-5 所示。

图 7-5　显示一个时钟的运行结果

7.1.4　数学对象

JavaScript 中的数学对象 Math 提供了大量的数学常数和数学函数，使用时不需要用关键字 new 创建就可以直接调用 Math 对象。

1．数学对象的属性

在数学中，有很多常用的常数，比如圆周率、平方根等。在 JavaScript 中，可以将这些常用的常数定义为数学属性，通过引用这些属性来取得数学常数。

数学对象调用属性的语法如下：

```
Math.属性名
```

Math 对象的常用属性如表 7-6 所示。

表 7-6　Math 对象的常用属性

属　性	描　述
E	自然对数的底
LN2	2 的自然对数
LN10	10 的自然对数
LOG2E	以 2 为底的 e 的自然对数
LOG10E	以 10 为底的 e 的自然对数
PI	π
SQRT1_2	0.5 的平方根
SQRT2	2 的平方根

> **注意**
>
> Math 对象的属性只能读取，不能对其赋值，而且属性值是固定的。

2．数学对象常用的方法

数学对象调用方法的语法如下：

```
Math.方法(参数 1，参数 2，...)
```

Math 对象的常用方法如表 7-7 所示。

表 7-7　Math 对象的常用方法

方 法	描 述	示 例
abs(x)	返回 x 的绝对值	abs(6)的结果为 6，abs(-6)的结果为 6
sin(x)	返回 x 的正弦值，以弧度为单位	Math.sin(Math.PI/6)结果为 0.5
cos(x)	返回 x 的余弦值	
tan(x)	返回 x 的正切值	
floor(x)	返回小于或等于 x 的最大整数	floor(-16.8)的结果为-17，floor(16.8)结果为 16
ceil(x)	返回大于或等于 x 的最小整数	ceil(-16.8)结果为-16，ceil(16.8)结果为 17
exp(x)	e 的 x 次方	exp(2)的结果为 7.38906
log(x)	返回 x 的自然对数值	log(Math.E)的结果为 1
min(x,y)	返回 x 和 y 中较小的数	min(5,6)的结果为 5
max(x,y)	返回 x 和 y 中较大的数	max(5,6)的结果为 6
pow(x,y)	x 的 y 次方	pow(10,2)的结果为 100
random()	返回 0~1 的随机数	
round(x)	四舍五入取整	round(234.5)的结果为 235
sqrt(x)	返回 x 的平方根	sqrt(16)的结果为 4

【例 7-9】Math 对象的常用方法应用示例。JavaScript 代码如下：

```
<script>
document.write("Math.ceil(7.9)的值为：" + Math.ceil(7.9));
document.write("<hr/>Math.floor(5.9)的值为：" + Math.floor(5.9));
document.write("<hr/>Math.round(4.2)的值(四舍五入)为：" + Math.round(4.2));
document.write("<hr/>Math.round(3.9)的值(四舍五入)为：" + Math.round(3.9));
document.write("<hr/>1 到 100 中抽取随机值为：" + Math.random()*100);
document.write("<hr/>10 和 100 中较小的值为：" + Math.min(22,52));
</script>
```

以上代码在浏览器中的运行结果如图 7-6 所示。

3．数字格式化

表 7-7 列出的方法中，没有提供四舍五入保留小数的方法。有两种方法可以实现保留小数。

图 7-6 应用 Math 对象的常用方法的运行结果

(1) round()和 pow()结合，具体公式如下。

```
Math.round(aNum*Math.pow(10,n) / Math.pow(10,n)
```

其中，aNum 是要进行四舍五入的数值，n 为保留的小数位数。例如：

```
var num1 = 345.6789;
var n1 = Math.round(num1*Math.pow(10,2) / Math.pow(10,2)     //保留 2 位小数
var n2 = Math.round(num1*Math.pow(10,3) / Math.pow(10,3)     //保留 3 位小数
```

(2) 使用 toFixed()函数。

JavaScript 中提供的 toFixed()函数可以实现对数值保留小数，语法格式如下：

```
aNum.toFixed(n);                    //保留 n 位小数
```

4．产生随机数

产生 0~1 之间的随机数可以直接使用 Math.random()函数。

【例 7-10】使用 Math 对象的 random()方法。代码如下：

```
<body>
    <p id="demo">单击按钮显示一个随机数</p>
    <button onclick="myFunction()">获取随机数</button>
    <script>
        function myFunction(){
            document.getElementById("demo").innerHTML = Math.random();
        }
    </script>
</body>
```

以上代码在浏览器中的运行结果如图 7-7 所示。

图 7-7 使用 Math 对象的 random()方法

> **注意**
>
> 产生 n1~n2(其中 n1 小于 n2)之间随机数的方法是：Math.floor(Math.random()*(n2-n1))+n1。

7.2 常用文档对象

7.2.1 文档对象模型

文档对象模型(Document Object Model，DOM)，是由 W3C 定义的，专门适用于 HTML / XHTML 文档的对象模型。DOM 是访问和操作 Web 页面的接口，它将网页中的各个 HTML 元素都看作一个个对象，从而使网页中的元素可以被 JavaScript 语言获取和修改，实现动态地修改网页。

在使用 DOM 来解析 HTML 对象时，首先在内存中构建起一棵完整的解析树，方便对整个 HTML 文档进行全面、动态地访问。因为它的解析是有层次的，将所有的 HTML 中的元素都解析成层次分明的节点，这样，就可以对这些节点执行添加、删除、修改及查看等操作。

文档对象模型(DOM)采用分层结构，即树形结构，如图 7-8 所示，以树节点的方式表示文档中的各种内容。程序员使用丰富的 DOM 对象库，可以方便地操控 HTML 元素。

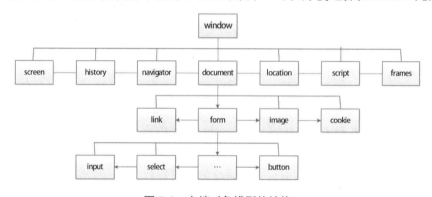

图 7-8　文档对象模型的结构

通过可编程的对象模型，JavaScript 可以动态地创建 HTML 文档。

(1) JavaScript 可以改变页面中的所有 HTML 元素。

(2) JavaScript 可以改变页面中的所有 HTML 属性。

(3) JavaScript 能够改变页面中的所有 CSS 样式。

所以，在 HTML DOM 树中，所有节点均可通过 JavaScript 进行访问，所有 HTML 元素(节点)均可被修改，也可以创建或删除节点。

7.2.2 文档对象的节点树

文档对象不仅本身具有属性和方法，同时，还包含各种不同类型的 HTML 元素对象。document 指向整个文档，<body>、<table>等节点类型即 element。每一个 HTML 文档都可以用节点树结构来表现，并通过元素、属性和内容三要素来描述每一个节点，如图 7-9 所示为文档对象节点树的示意图。

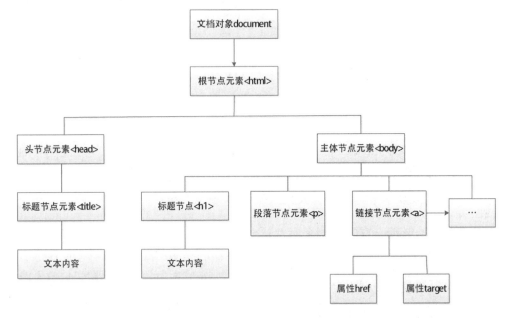

图 7-9　文档对象节点树的示意图

(1) 元素节点。元素(element)节点是构建 DOM 树形结构的基础，可以作为非终端节点，可以有自己的属性节点、下级元素节点和下级文本节点。下级元素节点实现了 DOM 树的纵向扩展，同级元素节点实现了 DOM 树的横向扩展，没有任何子节点的元素节点称为终端节点。元素节点的节点类型号为 1。

(2) 属性节点。属性(attribute)节点是一个键值对，键是属性名，值是属性值。属性节点不能成为独立节点，必须从属于元素节点，只用来描述元素节点的属性。严格地说，属性节点不是节点，在 DOM 操作中使用的方法也与其他节点不同，属性节点的节点类型号为 2。

(3) 文本节点。文本(text)节点表示一段文本，只能作为独立的终端节点，没有子节点和属性节点。文本节点的节点类型号为 3。

文档对象的节点树有以下特点。

(1) 每一个节点树有一个根节点，即图 7-9 中的<html>元素。

(2) 除了根节点，每一个节点都有父节点，即图 7-9 所示的除<html>元素以外的其他元素。

(3) 每一个节点都可以有许多子节点。

(4) 具有相同父节点的节点叫作"兄弟节点"，即如图 7-9 所示的<head>元素和<body>元素、<p>元素和<a>元素等。

文档对象节点树中的每一个节点代表了一个元素对象，这些元素的类型虽然可以各不相同，但是，它们都具有一些相同的节点属性和方法，同时，每一种元素对象还有一些特有的属性和方法，通过这些节点属性和方法，JavaScript 就可以方便地得到每一个节点的内容，并且可以进行添加、删除节点等操作。

1．文档对象节点的常用属性

表 7-8 列出了文档对象节点的常用属性。

表 7-8 文档对象节点的常用属性

属　性	描　述
innerHTML	元素节点中的文字内容，可以包括 HTML 元素内容
nodeName	元素节点的名字，是只读的，对于元素节点就是大写的元素名，对于文本内容就是 "#text"
nodeValue	元素节点的值，对于文字内容的节点，得到的就是文字内容
parentNode	元素节点的父节点
firstChild	第一个子节点
lastChild	最后一个子节点
previousSibling	前一个兄弟节点
nextSibling	后一个兄弟节点
childNodes	元素节点的子节点数组
attributes	元素节点的属性节点
body	只能用于 document.body，得到 body 元素

【例 7-11】遍历文档树。代码如下：

```
<body>
<h2 id="intro">--标题--</h2>
<p>Hello World!</p>
<form id="form1">
节点名称: <input type="text" id="txtName"><br>
节点类型: <input type="text" id="txtType"><br>
节点的值: <input type="text" id="txtValue"><br>
<input type="button" value="父节点" onClick="txt=nodeInfo(txt,'parent');">
<input type="button"onClick="txt=nodeInfo(txt,'firstChild');"
  value="第一个子节点">
<input type="button" onClick="txt=nodeInfo(txt,'lastChild');"
  value="最后一个子节点"><br>
<input type="button" onClick="txt=nodeInfo(txt,'previousSibling');"
  value="前一个子节点">
<input type="button" onClick="txt=nodeInfo(txt,'nextSibling');"
  value="后一个子节点">
<input type="button" onClick="txt=document.body;txtUpdate(txt);"
  value="返回根节点">
</form>
<script language="javascript">
var txt = document.body;
function txtUpdate(txt){
    document.getElementById('txtName').value = txt.nodeName;
    document.getElementById('txtType').value = txt.nodeType;
    document.getElementById('txtValue').value = txt.nodeValue
}
function nodeInfo(txt,nodeName){
```

```
    switch(nodeName)
    {
        case "previousSibling":
            if(txt.previousSibling)
            {txt=txt.previousSibling;}
            else
              alert("无兄弟节点");
            break;
        case "nextSibling":
            if(txt.nextSibling)
            {txt=txt.nextSibling;}
            else
              alert("无兄弟节点");
            break;
        case "parent":
            if(txt.parentNode)
            {txt=txt.nextSibling;}
            else
              alert("无父节点");
            break;
        case "firstChild":
            if(txt.firstChild)
            {txt=txt.firstChild;}
            else
              alert("无子节点");
            break;
        case "lastChild":
            if(txt.lastChild)
            {txt=txt.lastChild;}
            else
              alert("无子节点");
            break;
    }
    txtUpdate(txt);
    return txt;
}
txtUpdate(txt);
</script>
</body>
```

以上代码在浏览器中的运行结果如图 7-10 所示。

图 7-10　遍历文档树

获取元素内容的最简单方法是使用 innerHTML 属性，可以获取或改变任意 HTML 元素的内容。

【例 7-12】在 DOM 模型中获得对象并修改内容。核心代码如下：

```
<body>
    <p id="p1">Hello World!</p>
    <script>
        document.getElementById("p1").innerHTML = "New text!";
    </script>
    <p>上面的段落被一条 JavaScript 脚本修改了。</p>
</body>
```

以上代码在浏览器中的运行结果如图 7-11 所示。本例中利用 document.getElementById() 方法获取 HTML 元素<p>，并修改其中的内容。

图 7-11　在 DOM 模型中获得对象并修改内容

2. 文档对象节点的常用方法

使用节点方法可以在节点(HTML 元素)上执行动作，文档对象节点的常用方法如表 7-9 所示。

表 7-9　文档对象节点的常用方法

方　　法	描　　述
getElementById(id)	通过节点的标识得到元素对象
getElementByTagName(tagname)	通过节点的元素名得到元素对象
getElementByClassName(name)	返回包含带有指定类名的所有元素的节点列表
appendChild(node)	添加一个子节点
insertBefore(newNode, beforeNode)	在指定的节点前插入一个新节点
replaceChild()	替换子节点
removeChild(node)	删除一个节点
createTextNode()	创建文本节点
createElement("大写的元素标记名")	创建元素节点
getAttribute()	返回属性名称
setAttribute()	设置或修改属性值

1)　获取 HTML 元素的方法

文档中的每一个元素都是一个对象，利用 DOM 提供的方法能得到任何对象。

在 DOM 中有三种方法能够获取元素节点，分别是通过元素 ID、通过标记名称和通过类名称来获取。

(1) getElementById()方法。

如果 HTML 元素中设置了 id 属性，可以通过 getElementById()方法获取该对象，其语法格式如下：

```
document.getElementById('元素标识符')
```

例如，例 7-11 中的 document.getElementById('txtName')可以获取 id 属性值为 txtName 的节点元素。

(2) getElementByTagName()方法。

一般情况下，不需要为文档中的每一个元素都定义一个独一无二的 id 值，这时，DOM 提供了 getElementByTagName()方法来获取没有 id 属性的对象。其语法格式如下：

```
document.getElementsByTagName('元素标记名')
```

getElementByTagName()方法返回一个对象数组，每个对象分别对应着文档里有着指定标记的一个元素，例如，例 7-11 中的第一个文本框对象也可以通过如下语句得到：

```
getElementByTagName('input')[0]
```

此代码表示"一组元素标记名 input 中的第一个"。

第二个文本框可以使用 getElementByTagName('input')[1]来获取。

【例 7-13】复选框激活按钮。JavaScript 代码如下：

```javascript
<script type="text/javascript">
    function checkReg(){
        var cb = document.getElementsByTagName("input")[0];
        var btn = document.getElementsByTagName("input")[1];
        if(cb.checked==true){
            btn.disabled = false;
        }else{
            btn.disabled = true;
        }
    }
</script>
```

HTML 代码如下：

```html
<body>
    <input type="checkbox" onClick="checkReg()">我接受
    <input type="button" value="下一步" disabled="true">
</body>
```

以上代码在浏览器中的运行结果如图 7-12 和图 7-13 所示。

图 7-12 复选框选中前

图 7-13 复选框选中后

(3) getElementByClassName(name)方法。

getElementByClassName(name)是 HTML 5 DOM 中新增的一个方法，这个方法能够通过 class 属性中的类名来访问元素。但 IE5/6/7/8 浏览器不支持这种方法的解析，因此，在使用的时候要注意兼容性。

其语法格式如下：

```
getElementByClassName('类名')
```

返回值与 getElementByTagName()方法的返回值类似，都是一个具有相同类名的元素的数组。

2) 对 HTML 元素进行操作的方法举例

JavaScript 通过这些方法可以动态地修改 HTML 文档。

(1) 添加元素。

向 HTML 文档中添加元素，首先利用 createElement()方法和 createTextNode()方法创建该元素，再通过 appendChild()方法、insertBefore()方法和 replaceChild()方法将创建好的元素添加到文档中。

appendChild()方法是将新的子节点添加到当前节点的末尾。

【例 7-14】向 HTML 文档中添加元素。JavaScript 代码如下：

```javascript
<script language="javascript">
  var h1 = document.createElement("h1");                    //创建节点元素
  var txt = document.createTextNode("创建一个标题节点！！");  //创建节点文本
  //将新节点 h1 添加到页面中
  h1.appendChild(txt);
  document.body.appendChild(h1);
</script>
```

以上代码在浏览器中的运行结果如图 7-14 所示。

图 7-14　向 HTML 文档中添加元素

(2) 修改元素属性。

getAttribute()方法就是专门用来获取元素属性的，而使用 setAttribute()方法可以更改元素节点的属性值。

【例 7-15】修改元素属性。代码如下：

```html
<body>
  <h1 id="h" title="hello world"></h1>
  <p onclick="getValue()">单击这里获取 H1 标记的 title 属性值：</p>
  <div id="div1"></div>
  <p onClick="setValue()">单击这里修改 H1 标记的 title 属性值：</p>
  <div id="div2"></div>
```

```
<script language="javascript">
  function getValue(){
    var para = document.getElementById('h');
document.getElementById('div1').innerHTML=para.getAttribute('title');
  }
  function setValue(){
    var para = document.getElementById('h');
    para.setAttribute('title', 'welcome!!!');
document.getElementById('div2').innerHTML=para.getAttribute('title');
  }
</script>
</body>
```

以上代码在浏览器中的运行结果如图 7-15 所示。

图 7-15　修改元素属性

7.2.3　文档对象

文档对象(document)是浏览器窗口对象(window)的一个主要部分，是客户端使用最多的 JavaScript 对象。通过 document 对象，可以访问 HTML 文档中包含的任何 HTML 标记，并可以动态地改变 HTML 标记中的内容，例如表单、图像、表格和超链接等。

1．document 对象常用的属性

文档对象(document)常用的属性如表 7-10 所示。

表 7-10　文档对象(document)常用的属性

属　　性	描　　述
title	设置网页标题，等价于 HTML 的<title>标记
bgColor	设置页面背景色
fgColor	设置前景色(文本颜色)
linkColor	设置超链接颜色
cookie	由"变量名=值"组成的字串，用于记录用户操作状态
domain	网页域名
lastModified	上一次修改的日期
bgColor、fgColor	文档的背景色和前景色

【例 7-16】文档对象常用属性的应用。JavaScript 代码如下：

```
<script type="text/javascript">
  function dom(x){
    var color = document.getElementById("color").value;
    switch(x){
        case 1:
          document.bgColor = color;
          break;
        case 2:
          document.fgColor = color;
          break;
        case 3:
          document.linkColor = color;
          break;
        case 4:
          alert(document.lastModified);
          break;
        case 5:
          alert(document.URL);
          break;
        default:
          document.bgColor = "white";
    }
  }
</script>
```

主要的 HTML 代码如下：

```
<body>
    <button onclick="dom(4);">该文档修改日期</button>
    <button onclick="dom(5);">该文档 URL</button>
    <hr/>
    <input type="text" id="color" value="" />
    <button onclick="dom(1);">背景色</button>
    <button onclick="dom(2);">文本颜色</button>
    <button onclick="dom(3);">未访问的链接颜色</button>
    <p><a href="#">文档对象</a>(document)是浏览器窗口对象(window)的一个主要部分,
是客户端使用最多的 JavaScript 对象。</p>
</body>
```

以上代码在浏览器中的运行结果如图 7-16 所示。

图 7-16   应用文档对象常用属性的运行结果

2．document 对象常用方法

文档对象(document)常用的方法如表 7-11 所示。

表 7-11　文档对象(document)常用的方法

方　法	描　述
write()	向网页输出 HTML 内容
writeln()	与 write 作用一样
open()	打开用于 write 的输出流
close()	关闭用于 write 的输出流

【例 7-17】文档对象常用方法举例。JavaScript 代码如下：

```
<script type="text/javascript">
    function createNewDoc(){
        var newDoc = document.open("text/html", "replace");
        var txt = "<html><body>Hello World! ! </body></html>";
        newDoc.write(txt);
        newDoc.close();
    }
</script>
```

主要的 HTML 代码如下：

```
<body>
    <input type="button" value="打开并写入一个新文档"
        onclick="createNewDoc()">
</body>
```

以上代码在浏览器中的运行结果如图 7-17 所示。

图 7-17　文档对象常用方法举例的运行结果

7.2.4　表单及其控件对象

表单对象是文档对象的一个主要元素，表单对象包含有文本框(text)、单选按钮(radio)、复选框(checkbox)、列表(select)、按钮(button)、提交按钮(submit)、重置按钮(reset)等元素对象。

1．表单中的控件元素对象

表单中的控件元素对象一般都可以与 HTML 中的元素一一对应，表单元素的定义和使用在第 2 章已经做过详细介绍。同样，表单控件对象也可以用表单控件元素中的属性、方

法和事件。不同类型的表单控件对象又会有不同的属性、方法和事件，使用过程中要注意这些不同点。表 7-12 和表 7-13 分别列出了表单控件对象常用的方法和事件。

表 7-12　表单控件对象常用的方法

方　法	描　述
blur()	表示光标离开当前对象
focus()	表示光标放在当前对象上
select()	用在 text、textarea、password 对象上，表示选取文本域的内容
click()	鼠标单击当前对象

表 7-13　表单控件对象常用的事件

事　件	描　述
onblur	当光标离开当前对象时触发
onchange	当前对象的内容变化时触发
onclick	鼠标单击当前对象时触发
ondblclick	鼠标双击当前对象时触发

2. 列表及列表选项控件对象

列表对象 select 不同于其他控件对象，它包含了下一级的"列表选项"对象 option，因此，对于列表对象，除了具有表单控件对象共有的属性之外，还有自己特有的属性。如表 7-14 和表 7-15 所示分别为列表属性和列表选项属性。

表 7-14　列表属性

属　性	描　述
options	列表选项数组，如 list1.options[1]表示列表中的第二个选项
length	列表选项长度
selectedIndex	对于单选列表，它是当前选项在选项数组中的序号；对于多选列表，它是第一个选项在选项数组中的序号

表 7-15　列表选项属性

属　性	描　述
selected	选项是否被选中，选中返回结果为 true
defaultSelected	选项初始时是否选中
text	选项的文字内容
value	选项的值

通过 JavaScript 可以对列表进行添加、删除选项的操作。

1)　添加列表选项

新建一个选项对象，然后将该对象赋值给列表选项数组。

新建选项对象的语法格式如下：

```
var newOption = newOption([选项文字,[选项值[,初始是否选中[,是否选中]]]])
```

其中，方括号中的参数项可以省略。例如，为某列表添加一个选项：

```
var newOption = newOption("网页设计", "5");
lList.options[5] = newOption;
```

2) 删除列表选项

要删除列表选项，只需将列表选项数组中指定的选项赋值为 null 即可，例如：

```
lList.options[2] = null;
```

该语句可以将 lList 列表中的第三项删除。

【例 7-18】如图 7-18 所示的表单中有两个多选列表框，用户从左侧列表中选择任意项，然后单击"右移"按钮，可以将所选项移动到右侧的列表中，同样也可以单击"左移"按钮将所选项移动到左侧的列表中。

图 7-18 使用列表对象

先编写移动列表函数 moveList()，JavaScript 代码如下：

```
<script language="javascript">
    function moveList(fromId,toId){
        var fromList = document.getElementById(fromId);
        var fromLen = fromList.options.length;
        var toList = document.getElementById(toId);
        var toLen = toList.options.length;
        var current = fromList.selectedIndex;
        while(current > -1){
            var t = fromList.options[current].text;
            var v = fromList.options[current].value;
            var optionName = new Option(t,v,false,false);
            toList.options[toLen] = optionName;
            toLen++;
            fromList.options[current] = null;
            current = fromList.selectedIndex;
        }
    }
</script>
```

主要的 HTML 代码如下：

```
<body>
<form name="form1">
```

```
<select name="lList" id="lList" multiple size="6">
    <option value="0">JavaScript 基础</option>
    <option value="1">HTML5 开发</option>
    <option value="2">Web 前端开发</option>
    <option value="3">CSS+DIV 网页布局技术</option>
    <option value="4">JavaScript 高级编程</option>
</select>
<input type="button" id="toright" value="右移>>" onclick="moveList('lList','rList')" />
<input type="button" id="toleft" value="<<左移" onclick="moveList('rList','lList')" />
<select size="6" name="rList" id="rList" multiple>
    <option value="0">网站开发技术</option>
    <option value="1">ASP.NET 动态网站设计</option>
    <option value="2">C#编程基础</option>
</select>
</form>
</body>
```

其中，删除列表项 fromList.options[current]=null;也可以使用 fromList.remove(current);
方法，会获得相同的效果。

7.2.5 style 对象

DOM 允许 JavaScript 动态设置 HTML 样式,利用 style 对象属性可以直接为单个 HTML
元素指派 CSS 样式。使用 style 对象属性的语法格式如下：

```
document.getElementById("id").style.property = "值";
```

style 对象中的属性与 CSS 中使用的属性是一一对应的，两种属性的用法也基本相同。
唯一区别是：CSS 中的属性名如果有两个单词以上时，应该使用连接符号"-"，例如
background-color；而在 style 对象中，属性名采用驼峰式命名，如 backgroundColor。

例如，将一个<div id="div1"></div>的 CSS 边框更改为"2px solid green"，背景色为 red，
代码如下：

```
var div1 = document.getElementByIdx_x("div1");
div1.style.border = "2px solid green";
div1.style.backgroundColor = red;
```

【例 7-19】更改段落元素的 HTML 样式。代码如下：

```
<body>
    <p id="p1">Hello world!</p>
    <p id="p2">Hello world!</p>
    <script>
        document.getElementById("p2").style.color = "blue";
        document.getElementById("p2").style.fontFamily = "Arial";
        document.getElementById("p2").style.fontSize = "30px";
        document.getElementById("p2").style.fontStyle = "italic";
        document.getElementById("p2").style.fontWeight = "bold";
    </script>
</body>
```

以上代码在浏览器中的运行结果如图 7-19 所示。

图 7-19　更改段落元素的 HTML 样式

上述方法是单独修改或设置元素的样式属性(style.属性名)。也可以使用 JavaScript 动态地修改元素的样式，注意这时不是用属性名，而是用元素样式名(元素样式名用 className，而不是 class)。

【例 7-20】利用 JavaScript 控制 li 元素的背景颜色和项目符号交替。CSS 代码如下：

```css
<style>
    .bg1{background:#9FC}
    .bg2{background:#FF3; list-style-type:circle;}
</style>
```

JavaScript 代码如下：

```javascript
<script>
    function initUl(){
        var a = document.getElementsByTagName('ul');
        for (var i=0; i<a.length; i++){
            var v = document.getElementsByTagName('li');
            var ii = 1;
            for (var j=0; j<v.length; j++){
                if (v[j].parentNode == a[i]){
                    if (ii++%2 == 0){
                        v[j].className = "bg2";
                    }else{
                        v[j].className = "bg1";
                    }
                }
            }
        }
    }
</script>
```

主要的 HTML 代码如下：

```html
<body onload="initUl()">
    <ul>
        <li>1</li>
        <li>2</li>
        <li>3</li>
        <li>4</li>
```

```
        <li>5</li>
        <li>6</li>
    </ul>
</body>
```

以上这些代码在浏览器中的运行效果如图 7-20 所示。

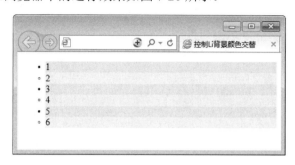

图 7-20　利用 JavaScript 控制 li 元素的背景颜色和项目符号交替

7.3　常用窗口对象

7.3.1　屏幕对象

屏幕对象(screen)是 JavaScript 运行时自动产生的对象，实际上是独立的窗口对象。屏幕对象中存放着有关浏览器显示屏幕的信息，主要包含了计算机屏幕的尺寸及颜色信息，JavaScript 程序将利用这些信息来优化它们的输出，以达到用户的显示要求。

屏幕对象的常用属性如表 7-16 所示。

表 7-16　屏幕对象的常用属性

属　性	描　述
height	显示屏幕的高度
width	显示屏幕的宽度
availHeight	可用高度
availWidth	可用宽度
ColorDepth	每个像素中用于颜色的位数，其值为 1、4、8、16、24、32

这些信息只能读取，不可以设置，使用时直接引用 screen 对象即可，调用属性的语法格式如下：

```
screen.属性
```

【例 7-21】显示屏幕信息。JavaScript 代码如下：

```
<script type="text/javascript">
  function display(x){
    var txt;
    switch(x){
        case 1:
```

```
        txt = screen.height + "像素"; break;
    case 2:
        txt = screen.width + "像素"; break;
    case 3:
        txt = screen.availHeight + "像素"; break;
    case 4:
        txt = screen.availWidth + "像素"; break;
    case 5:
        txt = screen.colorDepth + "位"; break;
    default:
        txt = "屏幕信息"
    }
    document.getElementById("txt").innerText = txt;
    }
</script>
```

主要的 HTML 代码如下：

```
<div id="txt">屏幕信息</div>
<hr/>
<button onclick="display(1);">屏幕高度</button>
<button onclick="display(2);">屏幕宽度</button>
<button onclick="display(3);">屏幕可用高度</button>
<button onclick="display(4);">屏幕可用宽度</button>
<button onclick="display(5);">屏幕颜色深度</button>
```

相关代码在浏览器中的运行结果如图 7-21 所示。

图 7-21　显示屏幕信息

7.3.2　window 窗口对象

在客户端 JavaScript 中，window 对象是全局对象，表示一个浏览器窗口或一个框架。可以直接引用当前窗口，并且可以把该窗口的属性作为全局变量来使用，例如，可以直接使用 document，而不必写成 window.document。同样，也可以把窗口对象的方法当作函数直接使用，如 alert()，不必写 window.alert()。

window 对象是 DOM 对象模型中的默认对象(结构如图 7-8 所示)。

window 对象代表打开的浏览器窗口时，通过 window 对象可以控制窗口的大小和位置、由窗口弹出的对话框、打开或关闭窗口，还可以控制窗口上是否显示地址栏、工具栏和状态栏等。对于窗口中的内容，window 对象可以控制是否重载网页、返回上一个文档或前进到下一个文档。

由于不同的浏览器定义的窗口属性和方法差别较大，表 7-17 和表 7-18 仅列出各种浏览器最常用的窗口对象(window)属性和方法。对于不同的浏览器，还各自特有相应的属性和方法，读者可查阅各浏览器提供的参考手册。

表 7-17　窗口对象的常用属性

属　　性	描　　述
screen	屏幕对象
navigator	浏览器信息对象
history	历史对象
location	网址对象
name	窗口名字
opener	打开当前窗口的父对话框
parent	包含当前窗口的父对话框对象
document	文档对象
frames	框架对象
self	当前窗口或框架
status	状态栏中的信息
defaultStatus	状态栏中的默认信息

表 7-18　窗口对象的常用方法

方　　法	描　　述
alert(信息字符串)	打开一个包含信息字符串的提示框
open()、close()	打开、关闭窗口
blur()	把键盘焦点从顶层窗口移开
focus()	把键盘焦点给予一个窗口
prompt(信息字符串, 默认的用户输入信息)	打开一个用户可以输入信息的对话框
confirm(信息字符串)	打开一个包含信息、确定和取消按钮的对话框。如果用户单击"确定"按钮，则 confirm()返回 true；如果单击"取消"按钮，则 confirm()返回 false
setTimeout(函数, 毫秒)	在指定毫秒时间后调用函数
setInterval(函数, 毫秒)	每隔指定毫秒时间执行调用函数
clearTimeout()	取消 setTimeout 设置
clearInterval()	取消 setInterval 设置
scrollBy(水平像素值, 垂直像素值)	设置窗口相对滚动的尺寸
scrollTo(水平像素值, 垂直像素值)	设置窗口滚动到的位置
resizeBy(宽度像素值, 高度像素值)	按设置的值相对地改变窗口尺寸
resizeTo(宽度像素值, 高度像素值)	改变窗口尺寸至设置的值
moveBy(水平像素值, 垂直像素值)	按设置的值相对地移动窗口
moveTo(水平像素值, 垂直像素值)	将窗口移动到设置的位置

【例 7-22】定义一个新窗口。JavaScript 代码如下：

```
<script type="text/javascript">
  function newW(){
    var nWidth = document.getElementById("nWidth").value;
    var nHeight = document.getElementById("nHeight").value;
    var nHori = document.getElementById("nHori").value;
    var nVert = document.getElementById("nVert").value;
    var style = "directories=no,location=no,menubar=no,width="
                + nWidth + ",height=" + nHeight;
    var myFunc = window.open("例7-10.html", "nwindow", style);
    myFunc.moveTo(nHori, nVert);
  }
</script>
```

主要的 HTML 代码如下：

```
<body>
  新窗口宽度: <input type="text" size="4" id="nWidth" value="300"/><br/>
  新窗口高度: <input type="text" size="4" id="nHeight" value="200"/>
  <hr/>
  新窗口水平位置坐标: <input type="text" size="4" id="nHori" value="200"/><br/>
  新窗口垂直位置坐标: <input type="text" size="4" id="nVert" value="200"/>
  <hr/>
  <button onclick="newW();">打开新窗口</button>
</body>
```

在 IE 浏览器中运行相关代码的预览效果如图 7-22 所示。

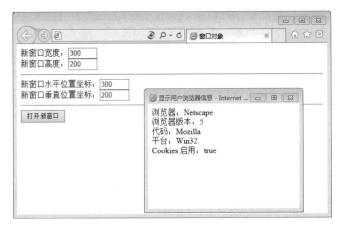

图 7-22　使用窗口对象

7.3.3　浏览器信息对象

浏览器信息对象(navigator)主要包含了用户正在使用的浏览器及计算机操作系统的有关信息，这些信息只能读取，不可以设置，使用的时候直接引用 navigator 对象即可，调用 navigator 属性的语法格式如下：

```
navigator.属性名
```

只要是支持 JavaScript 的浏览器，都能够支持 navigator 对象。浏览器信息对象的常用属性如表 7-19 所示。

表 7-19 浏览器信息对象的常用属性

属 性	描 述
appVersion	浏览器版本
appCodeName	浏览器内码名称
appName	浏览器名称
platform	用户操作系统
userAgent	声明了浏览器用于 HTTP 请求的用户代理头的值
cookieEnabled	浏览器的 Cookie 功能是否打开
language(除 IE 外)	浏览器设置的语言(非 IE)
userLanguage(IE)	操作系统设置的语言
systemLanguage(IE)	操作系统默认设置的语言
browserLanguage(IE)	浏览器设置的语言

【例 7-23】检测访问者浏览器的信息。JavaScript 代码如下：

```
<script type="text/javascript">
   document.write("<p>浏览器：");
   document.write(navigator.appName + "</p>");
   document.write("<p>浏览器版本：");
   document.write(parseFloat(navigator.appVersion) + "</p>");
   document.write("<p>代码：");
   document.write(navigator.appCodeName + "</p>");
   document.write("<p>平台：");
   document.write(navigator.platform + "</p>");
   document.write("<p>Cookies 启用：");
   document.write(navigator.cookieEnabled + "</p>");
</script>
```

以上代码在浏览器中的运行结果如图 7-23 所示。

图 7-23　检测访问者浏览器的信息

7.3.4　网址对象

网址对象(location)包含了窗口对象(window)的网页地址内容，是窗口对象中的子对象。对象本身仅用于访问当前 HTML 文档的 URL。location 对象既可以作为窗口对象中的一个属性直接赋值或取值,也可以通过网址对象的属性分别赋值或取值,使用 location 对象的语法格式如下。

当前窗口:

```
window.location.属性          //window 可以省略
window.location.方法
```

指定窗口:

```
窗口对象.location.属性
窗口对象.location.方法
```

表 7-20 和表 7-21 分别给出了网址对象常用的属性和方法。

表 7-20　网址对象的常用属性

属　　性	描　　述
href	整个 url 字符串
hostname	URL 中的服务器名、域名或 IP 地址
port	URL 中的端口号
pathname	URL 中的文件名或路径名

表 7-21　网址对象的常用方法

方　　法	描　　述
reload()	刷新当前网页
replace(url)	用 URL 网址刷新当前的网页

【例 7-24】让用户获取一个新的网址。JavaScript 代码如下:

```
<head>
  <script type="text/javascript">
  function currLocation(){
     alert(window.location)
  }
  function newLocation(){
     window.location = "例 7-10.html";
  }
  </script>
</head>

<body>
  <input type="button" onclick="currLocation()" value="显示当前的 URL">
  <input type="button" onclick="newLocation()" value="改变 URL">
</body>
```

以上代码在浏览器中的运行结果如图 7-24 所示。

图 7-24　让用户获取一个新的网址

7.3.5　历史记录对象

历史记录对象(history)用来存储客户端的浏览器已经访问过的网址(url)，这些信息存储在一个 history 列表中，通过对 history 对象的引用，可以让客户端的浏览器返回到它曾经访问过的网页中，用于浏览器工具栏上的 Back to(后退)和 Forward(前进)按钮。使用 history 对象的语法格式如下。

当前窗口：

```
history.属性
history.方法
```

指定窗口：

```
窗口对象.history.属性
窗口对象.history.方法
```

history 对象最常用的属性是 length(历史对象长度)，代表浏览器历史列表中访问过的地址个数，使用方法为：

```
history.length
```

history 对象的常用方法如表 7-22 所示。

表 7-22　history 对象的常用方法

方　法	描　述
back()	显示浏览器历史列表中后退一个网址的网页
forward()	显示浏览器历史列表中前进一个网址的网页
go()	显示 history 列表中的某个具体页面

【例 7-25】history 对象的应用。JavaScript 代码如下：

```
<script language="javascript">
  function display(x){
    var txt = document.getElementById("txt2").value;
    switch(x){
      case 1:
        window.frames[0].history.back();
        break;
      case 2:
        window.frames[0].history.forward();
```

191

```
          break;
      case 3:
        window.frames[0].history.go(0);
        break;
      case 4:
        window.frames[0].location.href = txt;
        break;
      default:
    }
  }
</script>
```

主要的 HTML 代码如下：

```
<body>
  <button onclick="display(1);">后退</button>
  <button onclick="display(2);">前进</button>
  <button onclick="display(3);">刷新</button>
  <hr/>
  <input type="text" id="txt2" value="例 7-1.html" size="30" />
  <button onclick="display(4);">显示</button>
  <br/>
  <iframe name="ifr" id="ifr" width="400" height="120"
    src="例 7-1.html">
  </iframe>
</body>
```

以上代码在浏览器中的运行结果如图 7-25 所示。

图 7-25 history 对象的应用

7.4 上机实训

7.4.1 实训 1：将英文单词首字母改成大写

1. 功能

用户在文本框内输入的英文，通过单击"转换"按钮，将单词首字母变成大写。

2．设计思路

(1) 使用 HTML 标记创建文本框和按钮，修改相应的属性。

(2) 编写 JavaScript 脚本，用字符串对象的 toLowerCase()、subString()、toUpperCase() 方法来实现功能。

3．代码编写

(1) 制作表单。HTML 代码如下：

```html
<body>
   <form name="form">
      <input type="text" name="txt" value="hello world!!">
      <input type="button" value="Convert"
        onClick="changeCase(this.form.txt)">
   </form>
</body>
```

(2) 定义 changeCase()函数，完成首字母变大写的功能，利用按钮的 onClick 事件调用 函数。JavaScript 代码如下：

```javascript
<script language="javascript">
   function changeCase(frmObj) {
     var index;
     var tmpStr;
     var tmpChar;
     var preString;
     var postString;
     var strlen;
     tmpStr = frmObj.value.toLowerCase();
     strLen = tmpStr.length;
     if (strLen > 0) {
         for (index=0; index<strLen; index++) {
           if (index == 0) {
               tmpChar = tmpStr.substring(0,1).toUpperCase();
               postString = tmpStr.substring(1, strLen);
               tmpStr = tmpChar + postString;
           }
           else {
               tmpChar = tmpStr.substring(index, index+1);
               if (tmpChar==" " && index<(strLen-1)) {
                   tmpChar =
                     tmpStr.substring(index+1, index+2).toUpperCase();
                   preString = tmpStr.substring(0, index+1);
                   postString = tmpStr.substring(index+2, strLen);
                   tmpStr = preString + tmpChar + postString;
               }
           }
         }
     }
     frmObj.value = tmpStr;
   }
</script>
```

以上代码在浏览器中的运行结果如图 7-26 所示。

图 7-26　将英文单词首字母改成大写

7.4.2　实训 2：限制多行文本域输入的字符个数

1．功能

通过 JavaScript 脚本来限制多行文本框输入字符的个数。当用户输入字符时，能够显示输入的字符数及可以再输入的字符数，当达到规定的数量时，就不能再继续输入。

2．设计思路

(1) 使用 HTML 标记创建文本框和多行文本框等，修改相应的属性。

(2) 通过 CSS 样式修饰网页。

(3) 编写 JavaScript 脚本，完成限制多行文本域输入的字符个数的功能。

案例中用到了键盘事件 onkeydown 和 onkeyup。

onkeydown 事件是在键盘按键被按下时发生的，onkeyup 事件是在键盘按键被松开时发生的。关于键盘事件，将在第 8 章做详细介绍。这两个事件发生时，将会调用 JavaScript 函数来完成字数的统计功能。

最终的运行效果如图 7-27 所示。

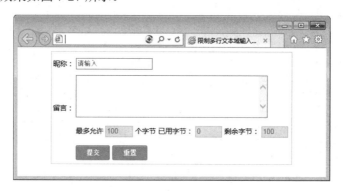

图 7-27　运行效果

3．编写 CSS 样式代码

CSS 代码如下：

```
<style>
  body{font: 14px/38px "Lucida Sans", "Lucida Sans Unicode", sans-serif;}
  .eval{margin:0 auto;
```

```
    width:580px;
    border:1px solid #ccc;
    }
  .right-align{text-align:right;}
  .btn{
    background-color:#68b12f;
    background:-webkit-gradient(linear, left top, left bottom,
      from(#68b12f), to(#50911e));
    border: 1px solid #509111; border-bottom: 1px solid #5b992b;
    border-radius:3px; -webkit-border-radius:3px;
    box-shadow: inset 0 1px 0 0 #9fd574;
    color:white; font-weight:bold; padding: 6px 20px;
    text-align:center;
    }
</style>
```

4. 创建 HTML 代码

表单内的控件利用表格布局，HTML 代码如下：

```
<body>
<div class="eval">
<form name="form1">
<table>
<tr>
<td class="right-align"><label>昵称: </label></td>
<td><input type="text" placeholder="请输入" required></td>
</tr>
<tr>
<td class="right-align"><label>留言: </label></td>
<td><textarea name="liuyu" cols="45" rows="5" id="liuyu" onKeyDown="CountStrByte
  (this.form.liuyu,this.form.total,this.form.used,this.form.remain);"
  onKeyUp="CountStrByte(this.form.liuyu,this.form.total,this.form.used,
  this.form.remain);">
    </textarea>
<br />
最多允许<input name="total" type="text" disabled id="total"  value="100"
size="3">个字节已用字节:
<input name="used" type="text" disabled id="used"  value="0" size="3">
剩余字节:
<input name="remain" type="text" disabled id="remain" value="100" size="3">
</td>
</tr>
<tr>
<td class="right-align"></td>
<td><input type="submit" value="提交" class="btn">
    <input type="reset" class="btn"></td>
</tr>
</table>
</form>
</div>
```

5. 编写 JavaScript 代码

定义 CountStrByte()函数，对用户输入的字符进行统计，将结果显示在文本框内，并显示用户输入的字符数，JavaScript 如下：

```javascript
<script>
    var LastCount = 0;
    function CountStrByte(Message, Total, Used, Remain){        //字节统计
        var ByteCount = 0;
        var StrValue = Message.value;
        var StrLength = Message.value.length;
        var MaxValue = Total.value;
        if(LastCount != StrLength) { //在此判断，减少循环次数
            for (i=0; i<StrLength; i++){
                ByteCount = (StrValue.charCodeAt(i)<=256)?
                  ByteCount + 1 : ByteCount + 2;
                if (ByteCount>MaxValue){
                    Message.value = StrValue.substring(0, i);
                    alert("留言内容最多不能超过 " + MaxValue
                      + " 个字节! \n 注意：一个汉字为两字节。");
                    ByteCount = MaxValue;
                    break;
                }
            }
            Used.value = ByteCount;
            Remain.value = MaxValue - ByteCount;
            LastCount = StrLength;
        }
    }
</script>
```

相关代码在浏览器中的运行结果如图 7-27 所示。当多行文本框内容超过 100 个字节时，弹出提示对话框，如图 7-28 所示。

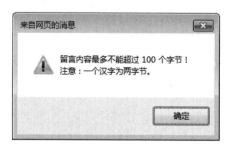

图 7-28　提示对话框

本 章 小 结

本章主要介绍了 JavaScript 常用的内置对象，包括数组对象、字符串对象、日期对象和数字对象的使用方法；讲解了文档对象模型的分层结构、文档对象的节点树以及如何获取文档中的元素、文档对象的常用属性和方法的应用等。最后又介绍了常用的窗口对象，包

括屏幕对象、window 窗口对象、浏览器信息对象、网址对象和历史记录对象。

通过对本章的学习，让读者充分掌握 JavaScript 中的对象使用方法，灵活应用到网页编程中，以满足网页功能需求。

自 测 题

一、单选题

1. 下列选项中，(   )可实现刷新当前页面。
   A. reload()
   B. replace()
   C. href()
   D. referrer()

2. 在 JavaScript 中，(   )方法可以对数组元素进行排序。
   A. add( )
   B. join( )
   C. sort( )
   D. length( )

3. 下列关于 Date 对象的 getMonth()方法的返回值描述，正确的是(   )。
   A. 返回系统时间的当前月
   B. 返回值的范围介于 1~12 之间
   C. 返回系统时间的当前月+1
   D. 返回值的范围介于 0~11 之间

4. 下列关于类型转换函数的说法，正确的是(   )。
   A. parseInt("5.89s")的返回值为 6
   B. parseInt("5.89s")的返回值为 NaN
   C. parseFloat("36s25.9id")的返回值是 36
   D. parseFloat("36s25.9id")的返回值是 3625.9

5. 对字符串 str="welcome to China"进行下列操作处理，描述结果正确的是(   )。
   A. str.substring(1,5)的返回值是 elcom
   B. str.length 的返回值是 16
   C. str.indexOf("come", 4)的返回值为 4
   D. str.toUpperCase()的返回值是 Welcome To China

6. setTimeOut("adv()", 20)表示的意思是(   )。
   A. 间隔 20s 后，adv()函数就会被调用
   B. 间隔 20min 后，adv()函数就会被调用
   C. 间隔 20ms 后，adv()函数就会被调用
   D. adv()函数被持续调用 20 次

7. String 对象的方法不包括(   )。
   A. char()
   B. substring()
   C. toUpperCase()
   D. length()

8. 某页面中有两个 id，分别为 pho1 和 pho2 的图片，下面(   )能够正确地隐藏 id 为 pho1 的图片。
   A. document.getElementByName("pho1").style.display="none";
   B. document.getElementById("pho1").style.display="none";
   C. document.getElementByTagName("pho1").style.display="none";

D. document.getElementByTagName (".img").style.display="none";

9. 在下拉列表 cityList=document.getElementById("cityList3")中，如果要删除表单控件元素中列表元素的第二项，语句是(　　)。

  A. cityList.option[1]="";   B. cityList.option[1].value="";

  C. cityList.option[1]=null;   D. cityList.option[1].text="";

10. 关于下面的 JavaScript 代码，说法正确的是(　　)。

```
var s = document.getElementsByTagName("p");
for(var i=0; i<s.length; i++) {s[i].style.display="none";}
```

  A. 隐藏了页面中所有 id 为 p 的对象

  B. 隐藏了页面中所有 name 为 p 的对象

  C. 隐藏了页面中所有标记为<p>的对象

  D. 隐藏了页面中所有标记为<p>的第一个对象

11. 下面(　　)不是 document 对象的方法。

  A. getElementsByTagName()   B. getElementById()

  C. write()   D. reload()

12. 某页面中有一个 id 为 tdate 的文本框，下列(　　)能把文本框中的值改为 2016-12-01(选择两项)。

  A. document.getElementById("tdate").setAttribute("value", "2016-12-01");

  B. document.getElementById("tdate").value="2016-12-01";

  C. document.getElementById("tdate").getAttribute("2016-12-01");

  D. document.getElementById("tdate").text="2016-12-01";

13. 某页面中有如下代码，下列选项中(　　)能把"张三"改为"李四"(选择两项)。

```
<table id="table1" border="0" cellspacing="0" cellpadding="0">
  <tr id="row1">
   <td>赵二</td>
   <td>90</td>
  </tr>
  <tr id="row2">
   <td>张三</td>
   <td>78</td>
  </tr>
</table>
```

  A. document.getElementById("table1").rows[2].cells[1].innerHTML="李四";

  B. document.getElementById("table1").rows[1].cells[0].innerHTML="李四";

  C. document.getElementById("row2").cells[0].innerHTML="李四";

  D. document.getElementById("row2").cells[1].innerHTML="李四";

二、操作题

1. 编写 JavaScript 程序，用 document 对象的 domain 属性获取网页域名，并输出。

2. 根据如下代码段：

```
<div id="container">
  <ul id="circle">
    <li id="list1"></li>
    <li id="list2"></li>
  </ul>
  <ol id="upper-roman">
    <li id="list3"></li>
    <li></li>
  </ol>
</div>
```

利用 document 对象的 getElementById()方法访问 id 为 list3 的节点。

3. 编写程序：在网页上添加"创建新窗口"按钮，通过单击按钮打开一个 300×400 像素大小的窗口。

第 **8** 章

事件处理

本章要点

(1) JavaScript 常用事件;

(2) 鼠标事件;

(3) 键盘事件;

(4) 表单事件;

(5) 页面相关事件。

学习目标

(1) 认识 JavaScript 事件;

(2) 掌握调用事件处理程序的方法;

(3) 掌握常用事件的使用。

8.1 认识 JavaScript 事件

JavaScript 是基于对象的语言，它的一个最基本的特征，就是采用事件驱动。事件定义了用户与页面交互时产生的各种操作。例如，当用户单击鼠标左键时，事件(click)就会出现。另外，浏览器自己的一些动作也可以产生事件。例如，当加载一个页面时，就会发生 load 事件，卸载一个页面时，就会有 unload 事件。

事件处理程序是一段 JavaScript 代码(或写在函数 function 中)，当事件发生时，事件处理程序就会被调用。

事件处理的过程分为三步：

(1) 发生事件；

(2) 启动事件处理程序；

(3) 事件处理程序做出反应。

网页中的每个元素都可以产生某些触发 JavaScript 函数的事件，事件是在 HTML 页面中定义的。

8.1.1 JavaScript 的常用事件

绝大多数事件的命名都具有语义性，很容易理解，例如 click、submit、mouseover 等，从事件名称上就能知道其含义。只有少数事件从名称上不易理解其含义，如 blur(英文意思为"模糊")，该事件表示失去焦点。通常，事件处理器的命名原则是，在事件名称前加上前缀 on。例如，对于 click 事件，其处理器名为 onClick。

JavaScript 事件可以分为几种不同的类型。最常用的类别是鼠标事件，其次是键盘事件和表单事件。

1. 鼠标事件

鼠标事件可以分两种：一种是追踪鼠标当前的位置的事件(mouseover、mouseout)，另一种是追踪鼠标在被单击时的事件(mouseup、mousedown、click)。

2. 键盘事件

键盘事件用来负责追踪键盘的按键在何时及何种上下文中被按下。例如，keyup、keydown、keypress。

3. 表单事件

表单事件直接与发生在表单和表单输入元素上的交互相关。submit 事件用来追踪表单何时提交，change 事件监视用户向元素的输入。

JavaScript 常用的事件如表 8-1 所示。

表 8-1　JavaScript 的常用事件

事件名称	描　述
onClick	鼠标单击(单击按钮、图片、列表框等)
onChange	内容发生改变，如文本框的内容发生改变
onFocus	获得焦点(鼠标)
onBlur	失去焦点(鼠标)
onMouseOver	鼠标悬停
onMouseOut	鼠标移出
onMouseMove	鼠标移动
onMouseDown	鼠标按下
onMouseUp	鼠标弹起
onLoad	页面加载
onSubmit	表单提交
onResize	窗口大小改变

8.1.2　调用事件处理程序的方法

通常情况下，用户在操作页面元素时和网页加载后都会发生很多事件，触发事件后执行一定的程序就是 JavaScript 事件响应编程时的常用模式。

通过添加事件来调用事件处理程序，具体方法有三种。

1．通过函数调用

就是将事件处理程序代码写在函数里，然后利用事件调用函数。其语法格式如下：

```
<HTML 标记 事件属性="事件处理程序">
```

这种方法避免了程序与 HTML 代码混合在一起，有利于维护。事件处理程序一般是调用自定义函数，函数可以传递多个参数，最常用的方法是传递 this 参数，this 代表 HTML 标记的相应对象，例如：

```
<form method="post" onSubmit="return dome(this);">
```

this 参数代表 form 对象，这样，在 dome 函数中就可以更方便地引用 form 对象及其表单控件对象了。

【例 8-1】通过函数调用事件处理程序。代码如下：

```
<body>
  <p>单击按钮就可以执行<em>displayDate()</em>函数。</p>
  <button onclick="displayDate()">单击这里</button>
  <script>
    function displayDate(){
      document.getElementById("demo").innerHTML = Date();
    }
  </script>
```

```
  <p id="demo"></p>
</body>
```

以上代码在浏览器中的运行结果如图 8-1 所示。

(a) 初始状态   (b) 单击按钮后的状态

图 8-1　通过函数调用事件处理程序的运行结果

2．在 HTML 标记中添加

在 HTML 标记中添加相应的事件，并把 JavaScript 代码直接写在标记里。
其语法格式如下：

```
<HTML 标记 事件属性="事件处理程序">
```

【例 8-2】在 HTML 标记中添加事件处理程序。代码如下：

```
<body>
    <h1 onclick="this.innerHTML='谢谢！'">请单击该文本</h1>
</body>
```

当用户在<h1>对象上单击时，会改变其内容。
该例也可以通过以下代码来实现：

```
<head>
  <script>
    function changeText(id){id.innerHTML="谢谢!";}
  </script>
</head>
<body>
  <h1 onclick="changeText(this)">请点击该文本</h1>
</body>
```

3．使用 JavaScript 向 HTML 元素分配事件

通过 JavaScript 代码调用事件处理程序，首先需获得要处理对象的引用，然后将要执行的处理函数赋值给该对象对应的事件。该方法在 JavaScript 脚本中直接对各种对象的事件以及事件所调用的函数进行声明，不用在 HTML 标记中指定要执行的事件。
语法格式如下：

```
对象名.事件 = 函数名
```

例如：

```
Button1.onclick = button1_Click;
```

【例 8-3】在 JavaScript 中调用事件的程序。代码如下：

```
<body>
  <p>单击按钮就可以执行<em>displayDate()</em>函数。</p>
  <button id="myBtn">单击这里</button>
  <script>
    document.getElementById("myBtn").onclick = function(){displayDate()};
    function displayDate(){
      document.getElementById("demo").innerHTML = Date();
    }
  </script>
  <p id="demo"></p>
</body>
```

以上代码在浏览器中的运行结果如图 8-1 所示。

> **注意**
>
> 例 8-3 的代码中，<button id="myBtn">单击这里</button> 代码一定要放在 JavaScript 代码的上方，否则程序会出错。

8.2 常用事件在网页中的应用

8.2.1 鼠标事件

鼠标事件就是通过鼠标对事件进行触发的，是最常用的事件之一，鼠标的动作包括单击、双击、释放、悬停、拖动、滚动等。下面介绍几种常用的鼠标事件。

1. onClick 事件

鼠标单击事件(onClick)是指鼠标指针停留在对象上并按下鼠标左键时触发的事件。onClick 事件一般应用于 button、checkbox、image、link、radio、reset 和 submit 等对象。其中，button 对象只会用到 onClick 事件处理程序，因为该对象不能接受信息，如果没有 onClick 事件处理程序，按钮对象将不会有任何作用。

> **注意**
>
> 在使用对象的单击事件时，如果在对象上按下鼠标键，然后移动鼠标到对象外再松开鼠标，则单击事件无效。单击事件必须在对象上按下并松开后，才会执行单击事件的处理程序。

【例 8-4】用按钮的 onClick 事件变换字体颜色。JavaScript 代码如下：

```
<script language="javascript">
  var arrayColor =
    new Array("red","green","fuschia","purple","gray","maroon",
              "yellow","aqua","silver","teal","blue","navy","olive");
  var n = 0;
  function changeColors(){
      if(n==(arrayColor.length-1))
        n = 0;
```

```
        n++;
        document.getElementById("h1").style.color = arrayColor[n];
    }
</script>
```

主要的 HTML 代码如下：

```
<body>
  <h1 id="h1">单击按钮变换字体颜色</h1>
  <form method="post" id="form1">
  <input type="button" value="变换标题字体颜色" onClick="changeColors()">
  </form>
</body>
```

在 IE 浏览器中运行相关代码的预览效果如图 8-2 所示。

图 8-2　用按钮的 onClick 事件变换字体颜色

2．onMouseDown 事件和 onMouseUp 事件

onMouseDown、onMouseUp 事件及 onClick 事件构成了鼠标点击事件的所有部分。首先，按下鼠标按钮时，触发 onMouseDown 事件；释放鼠标按钮时，触发 onMouseUp 事件；最后，当完成鼠标单击时，会触发 onClick 事件。

【例 8-5】使用 onMouseDown 事件和 onMouseUp 事件。代码如下：

```
<body>
  <h1 onmousedown="style.color='red';this.innerHTML='释放鼠标按钮'"
    onmouseup="style.color='blue';this.innerHTML='请用鼠标点击这段文本'">
      请用鼠标单击这段文本
  </h1>
</body>
```

3．onMouseOver 事件和 onMouseOut 事件

（1）onMouseOver 事件。当鼠标指针移到元素上时，就会触发 onMouseOver 事件，该事件主要应用于层或图片，即当鼠标指针移到应用层或图片的区域上时，就会触发 onMouseOver 事件。

（2）onMouseOut 事件。当鼠标指针移出元素时，就会触发 onMouseOut 事件，该事件也主要应用于层或图片。例如，网页上的图片广告，当鼠标移到图片上时，就会切换到别的图片，当鼠标移走时又恢复原来的图片。

【例 8-6】利用 onMouseOver 事件和 onMouseOut 事件改变文字内容。

主要的 HTML 代码如下：

```
<body>
  <div onmouseover="mOver(this)" onmouseout="mOut(this)">把鼠标移到上面
```

```
    </div>
  </body>
```

<div>标记的 CSS 样式代码如下：

```css
<style type="text/css">
  div{background-color:gray;
    width:120px; height:20px;
    padding:40px; color:#fff;}
</style>
```

响应事件的 JavaScript 代码如下：

```javascript
<script>
    function mOver(obj){
        obj.style.backgroundColor = "#1ec5e5";
        obj.innerHTML = "谢谢!!";
    }
    function mOut(obj){
        obj.style.backgroundColor = "green";
        obj.innerHTML = "把鼠标移到上面";
    }
</script>
```

相关代码在浏览器中的运行结果如图 8-3 所示。

(a) 初始状态   (b) 鼠标经过状态

图 8-3   <div>元素的初始状态和鼠标经过状态

该例也可以将所有的事件和样式都放在 HTML 代码中，代码简化如下：

```html
<div onmouseover="this.innerHTML='谢谢!!'; style.backgroundColor='#1ec5e5'"
onmouseout="this.innerHTML='把鼠标移到上面';style.backgroundColor='green'"
style="background-color:gray;
width:120px;height:20px;padding:40px;color:#ffffff;">
把鼠标移到上面</div>
```

8.2.2 键盘事件

在 JavaScript 中有三个键盘事件，分别是 onkeypress、onkeydown、onkeyup 事件，负责追踪键盘按键。其中，onkeypress 事件是在键盘按键被按下并释放时发生的，onkeydown 事件是在键盘按键被按下时发生的，onkeyup 事件是在键盘按键被松开时发生的。

【例8-7】利用 onkeypress 或 onkeydown 事件禁止在输入框中输入数字。JavaScript 代码如下：

```
<script type="text/javascript">
 function noNumbers(e){
  var keynum
  var keychar
  var numcheck
  keynum = e.which
  keychar = String.fromCharCode(keynum)
  numcheck = /\d/
  return !numcheck.test(keychar)
 }
</script>
```

HTML 代码如下：

```
<body>
 <form>
  Type some text (numbers not allowed):
  <input type="text" onkeydown="return noNumbers(event)" />
 </form>
</body>
```

执行程序后，用户将无法在文本框内输入数字。

【例8-8】在文本框中输入字符时，字符会被更改为大写。JavaScript 代码如下：

```
<script type="text/javascript">
 function upperCase(x){
  var y = document.getElementById(x).value
  document.getElementById(x).value = y.toUpperCase()
 }
</script>
```

主要的 HTML 代码如下：

```
<body>
 <form name="form1">
  请输入小写字母：
  <input type="text" id="fname" onkeyup="upperCase(this.id)">
 </form>
</body>
```

相关代码在浏览器中的运行结果如图8-4所示。输入小写字母后，会被改为大写字母。

图8-4　输入小写后变为大写

8.2.3 表单事件

表单事件是对元素获得或失去焦点的动作进行控制，可以利用表单事件来改变获得或失去焦点的元素样式。文本框、文本区域、按钮和复选框等各种表单元素都支持不同类型的事件处理程序。

1．onChange 事件

onChange 事件会在域的内容改变时发生，支持该事件的 JavaScript 对象有：select、text、textarea 和 fileUpload。支持该事件的 HTML 标记有：<input type="text">、<select>和<textarea>。

【例 8-9】利用 onChange 事件显示列表框中的被选项。

主要的 HTML 代码如下：

```
<body>
 <form>
   请选择您喜欢的城市：
   <select id="myList" onchange="favCity()">
    <option>北京</option>
    <option>杭州</option>
    <option>昆明</option>
    <option>上海</option>
   </select>
   <p>您喜欢的城市是：<input type="text" id="favorite" size="20"></p>
 </form>
</body>
```

事件处理程序 JavaScript 代码如下：

```
<script type="text/javascript">
 function favCity(){
   var mylist = document.getElementById("myList");
   document.getElementById("favorite").value =
    mylist.options[mylist.selectedIndex].text;
 }
</script>
```

运行程序，单击下拉列表框，选择城市后，就会触发 onChange 事件，并调用 favCity() 函数，将选择的城市显示在文本框中，效果如图 8-5 所示。

图 8-5 利用 onChange 事件显示列表框中的被选项

2. onFocus 事件和 onBlur 事件

1） onFocus 事件

onFocus 事件即得到焦点，通常是指选中了文本框等。元素只有获得焦点时，才能接收用户输入。支持该事件的 JavaScript 表单对象有 select、text、textarea 和 fileUpload 等。支持该事件的 HTML 表单元素有<input type="text">、<select>和<textarea>等。

例如，文本框获取焦点时，代码如下：

```
<input type="text" onfocus="函数名()">
```

【例 8-10】获得焦点。HTML 代码如下：

```
<body>
  <form>
    姓名: <input type="text" onfocus="setStyle(this.id)" id="fname">
    <br><br>
    密码: <input type="password" onfocus="setStyle(this.id)" id="pwd">
  </form>
</body>
```

JavaScript 代码如下：

```
<script type="text/javascript">
  function setStyle(txt){
    document.getElementById(txt).style.background = "yellow";
  }
</script>
```

相关代码在浏览器中的运行结果如图 8-6 所示。

图 8-6　获得焦点的显示结果

2） onBlur 事件

失去焦点或光标移出元素时，就会调用 onBlur 事件。例如，文本框元素失去焦点，调用 upperCase()函数，代码如下：

```
<input type="text" onblur="upperCase()">
```

【例 8-11】失去焦点触发 onBlur 事件。HTML 代码如下：

```
<body>
  <form id="form1">
    姓名: <input type="text" id="fname" onblur="upperCase()"><p>
    年龄: <input type="text" id="age" onblur="alert(this.id)">
  </form>
</body>
```

表单控件的 CSS 样式设置如下：

```
<style type="text/css">
  input{background-color:#CFC;
        font-size:18px;
        border: 1px solid;
        padding:5px;}
</style>
```

响应事件的 JavaScript 中的 upperCase()函数的代码如下：

```
<script type="text/javascript">
  function upperCase(){
    var x = document.getElementById("fname").value;
    document.getElementById("fname").value = x.toUpperCase()
  }
</script>
```

相关代码在浏览器中的运行结果如图 8-7 所示。当"姓名"文本框失去焦点时，文本框输入的小写字母变成大写字母；"年龄"文本框失去焦点时，弹出提示框，显示文本框id 值。

图 8-7　失去焦点触发 onBlur 事件

3．onSubmit 事件和 onReset 事件

表单提交事件(onSubmit)是在用户提交表单时，在表单提交之前被触发的，该事件的处理程序通过返回 false 值来阻止表单的提交。onSubmit 事件可以用来验证表单输入项的正确性。

表单重置事件(onReset)与表单提交事件的处理过程相同，该事件只是将表单中的各元素的值设置为初始值，一般用于清空表单中的文本框。

【例 8-12】表单提交事件。代码如下：

```
<body>
  <h1>What is your name?</h1>
  <form name="form1"
    onSubmit="alert('Hello ' + form1.inputfield.value + '!')">
      <input type="text" name="inputfield" size="20">
      <input type="submit" value="Submit">
  </form>
</body>
```

以上代码在浏览器中的运行结果如图 8-8 所示。

图 8-8　使用表单提交事件

注意

如果在 onSubmit 和 onReset 事件中调用的是自定义函数名，则必须在函数名的前面加 return 语句，否则，不论函数中返回的是 true 还是 false，当前事件返回的值一律都是 true。

【例 8-13】利用 onSubmit 和 onReset 事件验证表单。HTML 代码如下：

```html
<body>
  <form action="" method="post" id="form1"
   onSubmit="return checkForm()">
    会员姓名：<input type="text" id="userName">
      <span class="color">*</span><p>
    密码：<input type="password" name="pwd1" id="pwdId1">
      <span class="color">*</span><p>
    确认密码：<input type="password" name="pwd2" id="pwdId2">
      <span class="color">*</span><p>
    <input type="submit" id="register" value="注册">
    <input type="reset" id="reset" value="重置">
  </form>
</body>
```

添加页面的 JavaScript 代码如下：

```javascript
<script language="javascript">
  function checkForm(){
    var userName = document.getElementById("userName").value;
    var pwd1 = document.getElementById("pwdId1").value;
    var pwd2 = document.getElementById("pwdId2").value;
    if(userName=="" || userName==null){
        alert("会员姓名不能为空！！")
        return false;
    }
    if(pwd1 == pwd2){
        if(pwd1.length != 0){
            document.write(
              "<h1>恭喜您，注册成功！欢迎" + userName + "光临！！</h1>");
            return true;
        }else{
```

```
            alert("密码不能为空! \n请输入密码! ");
            return false;
        }
    }else{
        alert("确认密码必须和输入密码相同! ");
        return false;
    }
}
</script>
```

单击"注册"按钮，将调用与 onSubmit 事件关联的验证函数 checkForm()，以检查三个文本框是否为空，以及两个密码框的密码是否匹配。检验如果都满足要求，则显示"欢迎"信息，否则将提示不能为空或密码不匹配的消息，如图 8-9 所示。

图 8-9　利用 onSubmit 和 onReset 事件验证表单

> **注意**
>
> onSubmit 事件是属于表单元素的，需要写在<form>标记内，不要写在提交按钮标记内。onSubmit= "return checkForm()"将根据返回的真假值来决定是否提交表单数据。如果checkForm()函数返回 true，则提交表单到远程服务器；否则，就不提交，直到客户端填写数据正确为止。

8.2.4　页面相关事件

1．onLoad 事件和 onUnload 事件

页面加载事件(onLoad)是在浏览器加载网页或图像完毕后触发的相应事件处理程序。用来在网页或图像加载完成后对网页中的样式等进行设置。

页面卸载事件(onUnload)是在卸载网页时触发的相应事件处理程序。卸载网页是指关闭当前页面或从当前页跳转到其他网页中，该事件常被用于在关闭当前页或跳转到其他网页时，弹出询问提示框。

【例 8-14】网页加载时缩小图像。代码如下：

```
<body onUnload="alert('感谢浏览! ! ')">
  <img src="logo10.jpg" name="img1" onLoad="conv()"
    onMouseOut="conv()" onMouseOver="reduce()">
```

```
<script language="javascript">
  var h = img1.height;
  var w = document.img1.width;
  function conv(){
    if(img1.height>=h){
      img1.height = h - 300;
      img1.width = w - 300;
    }
  }
  function reduce(){
    if(img1.height<h){
      img1.height = h;
      img1.width = w;
    }
  }
</script>
</body>
```

本例页面加载时，将图片缩小成指定的大小，当鼠标移动到图片上时，将图片大小恢复到原始大小，避免了使用大小不同的两张图片进行切换，并在关闭网页时，弹出提示框，提示用户是否关闭当前网页。

2. onResize 事件

页面大小事件(onResize)会在浏览器窗口的大小发生改变时产生，主要用于修正浏览器的大小。

【例 8-15】修正浏览器窗口大小。代码如下：

```
<body onResize="fix()">
  <script language="javascript">
    function fix(){
      window.resizeTo(500, 300);
    }
    document.body.onResize = fix;
    document.body.onLoad = fix;
  </script>
</body>
```

打开网页时，浏览器窗口的宽度为 500 像素，高度为 300 像素。当用鼠标改变浏览器大小时，松开鼠标，浏览器将恢复原始大小。

8.3 上机实训：使用 JavaScript 实现广告图像轮播

广告图像轮播就是几张图片轮流显示，是商务网站中非常常见的具有动态交互效果的一种广告形式，可以提高页面的互动性和动感，简化了页面，也加快了页面的下载速度。使用 JavaScript 可以实现多种不同类型和风格的滚动宣传广告效果。

1. 功能

实现广告图片轮流播放效果，并实现无限循环。通常情况下，广告图像轮播都会根据所设置的时间间隔自动播放，也可以通过单击相应的按钮图像进行手动选择，这些功能都是通过 JavaScript 来实现的。

2．设计思路

(1) 使用 HTML 标记<div>和<ul>存放图片，本例中共有 5 张图片，2 个箭头和 5 个圆点按钮控制图片播放，每个圆点按钮代表一张图片。再利用 CSS 样式进行布局。最终效果如图 8-10 所示。

图 8-10　广告图片轮播

(2) 编写 JavaScript 脚本，先获取图片对象，然后实现广告图片轮流播放效果。

3．运用知识

(1) JavaScript 的基本操作和函数的应用。

(2) 事件的运用。

(3) DOM 的使用。

4．编写 HTML 代码

页面大致结构：使用一个<div id="container">作为整体容器，存放全部内容，<ul id="uList">存放图片列表，<div id="btn">放 5 个圆点按钮，用于显示或控制播放哪张图片；<div id="pre" class="arrow">和<div id="next" class="arrow">存放两个播放箭头。按钮和小箭头都起到了控制图片轮播的作用。

主要的 HTML 代码如下：

```
<body>
 <div id="container">
 <ul id="uList" style="left:0px">
  <li><a href="#"><img src="img/t1.jpg"></a></li>
  <li><a href="#"><img src="img/t2.jpg"></a></li>
  <li><a href="#"><img src="img/t3.jpg"></a></li>
  <li><a href="#"><img src="img/t4.jpg"></a></li>
  <li><a href="#"><img src="img/t5.jpg"></a></li>
 </ul>
 <div id="pre" class="arrow"><</div>
 <div id="next" class="arrow">></div>
```

```
<div id="btn">
  <ul>
    <li class="on" index="1"></li>
    <li index="2"></li>
    <li index="3"></li>
    <li index="4"></li>
    <li index="5"></li>
  </ul>
</div>
</div>
</body>
```

其中，在<ul id="uList" style="left:0px">中通过修改 left 值来显示不同的图片。本实训中共有 5 张图片，每张图片高度为 400px，宽度为 600px。

5. 设置样式

设置网页样式，用于布局图片；设置箭头和按钮的位置、样式。

CSS 代码如下：

```
<style>
  body{padding:30px;}
  ul,li{margin:0; padding:0; list-style:none;} /*初始化列表格式*/
  #container{height:400px;
    width:600px;
    border: 3px solid #CCC;
    position:relative;
    overflow:hidden; /*将超出的图片隐藏起来*/
    }
  .uList{width:4200px;
    height:400;
    position:absolute;
    z-index:1; /*使图片位于最底层*/
    }
  #uList li{float:left;}
  .arrow{height:40px; width:40px;
    font-size:36px;
    display:none; /*鼠标移出图片时，箭头是隐藏的*/
    background-color:RGBA(0,0,0,.3);
    color:#fff;
    text-align:center;
    position:relative;
    top:180px;
    cursor:pointer;
    z-index:2;
    }
  #container:hover.arrow{display:block;}
  .arrow:hover{background-color:RGBA(0,0,0,.7);
    /*光标在箭头上时，改变箭头背景颜色和透明度*/
      display:block; /*光标放在图片时，显示箭头*/
      }
  #pre{float:left;}
```

```
#next{float:right;}
#btn{width:120px; height:10px;  /*设定圆点按钮的位置*/
  position:absolute;
  bottom:20px;
  left:250px;
  z-index:10;
  }
#btn li{width:10px; height:10px;  /*圆点按钮的样式*/
  border: 1px solid #C00;
  display:inline;
  border-radius:50%;
  background-color:#fff;
  float:left;
  margin-right:5px;
  }
 #btn .on{background-color:#F90;}  /*用#F90颜色代表圆点按钮亮起*/
</style>
```

注意 background-color:RGBA(0,0,0,.3)，RGBA 中最后一个值表示透明度。

6. 编写 JavaScript 代码

加入 JavaScript 代码，完成图片轮播功能。使用 window.onload 事件表示网页都加载完毕后再获取节点元素，利用 getElementById()方法获取元素，具体代码如下：

```
<script>
 window.onload=function(){
  //获取节点元素
  var container = document.getElementById("container");
  var uList = document.getElementById("uList");
  var btn = document.getElementById("btn").getElementsByTagName("li");
  var pre = document.getElementById("pre");
  var next = document.getElementById("next");
  var index = 1;                        //用于存放当前显示的图片或小按钮
  //定义函数，使5个圆点按钮随着图片的切换而亮起或熄灭
  function show(){
      for(var i=0; i<btn.length; i++){
          if(btn[i].className=="on"){btn[i].className="";}  //圆点按钮熄灭
      }
      btn[index-1].className = "on";
  }
  //定义函数，单击左箭头或右箭头实现图片的切换
  function animate(offset){
      var nLeft = parseInt(uList.style.left) + offset + "px";
      uList.style.left = nLeft;
      //实现无限循环
      if(parseInt(nLeft)>0){uList.style.left=-2400+"px";}
      if(parseInt(nLeft)<=-3000){uList.style.left=0+"px";}
  }
  //单击右箭头，调用 animate(offset)函数，向右切换图片
  next.onclick=function(){
      if(index==5){                     //改变 index 值，使圆点按钮和图片相对应
```

```
            index = 1;
        }else{index+=1;}
        show();                           //调用 show 函数，是对应的圆点按钮亮起
        animate(-600);
    }
    //单击左箭头，调用 animate(offset)函数，向左切换图片
    pre.onclick=function(){
        if(index==1){index=5;}
        else{index-=1;}
        show();
        animate(600);
    }
    //利用圆点按钮切换图片
    for(var i=0; i<btn.length; i++){
        btn[i].onclick=function(){
            if(this.className=="on"){    //优化程序
                return;}                  //返回，退出程序
            var myIndex = parseInt(this.getAttribute("index"));
            var offset = -600*(myIndex-index);
                //计算偏移量，作为 animate()函数的参数
            animate(offset);
            index = myIndex;
            show();
        }
    }
}
</script>
```

本 章 小 结

本章重点介绍了在 JavaScript 编程中常用的鼠标事件、键盘事件、表单事件及页面相关事件，以及这些事件的处理程序。事件驱动程序机制是 JavaScript 程序的灵魂，可以让用户在浏览页面时还可以与页面进行交互。

自 测 题

一、单选题

1. 下列选项中，能获得焦点的是(   )。

    A. Blur()   B. onBlur()   C. Focus()   D. onFocus()

2. 下列选项中，(   )可以用来检索下拉列表框中被选项目的索引号。

    A. selectedIndex   B. options   C. length   D. add

3. 当鼠标指针移到页面的某个图片上时，图片出现一个边框，并且图片放大，这是因为激发了下列的(   )事件。

    A. onClick   B. onMouseOver

    C. onMouseOut   D. OnMouseDown

4. 页面上有一个文本框和一个类 change，change 可以改变文本框的边框样式，那么使用下面的(   )不能实现当鼠标指针移动到文本框上时，文本框的边框样式发生变化。

    A. onMouseOver="className='change'";

    B. onMouseOver="this.className='change'";

    C. onMouseOver="this.style.className='kchange'";

    D. onMouseMove="this.style.border='solid 1px #ccc'";

二、操作题

1. 请编写 JavaScript 程序实现：当鼠标放在页面中的某段文字上时，弹出一个提示框。

2. 编写 JavaScript 代码，完成如下功能：单击按钮可以改变网页的背景颜色。

第 **9** 章

JavaScript 实现 Canvas 功能

本章要点

(1) HTML 5 的 Canvas 元素;

(2) 添加/实现 Canvas;

(3) 绘制基本图形;

(4) 图形变换、特效。

学习目标

(1) 利用 Canvas 和 JavaScript 绘制基本图形;

(2) 掌握 JavaScript 程序控制语句;

(3) 掌握 Canvas 图像转换;

(4) 掌握使用 Canvas 特效;

(5) 学会绘制文本。

9.1 创建 Canvas 元素

Canvas 是 HTML 5 新增的元素，Canvas 元素用于在网页上绘制图形，Canvas 相当于一块"画布"，画布的形状是矩形，但本身并没有绘画功能，所有的绘制工作必须在 JavaScript 内部完成，JavaScript 相当于"画笔"，借助于 JavaScript 能够绘制各种路径、矩形、椭圆形、字符，甚至可以添加图像。所以，Canvas 只是一个容器而已，图形和图像的实现都要依靠 JavaScript。

Canvas 画布是基于 x 和 y 坐标的使用来构建的，画布原点坐标(0, 0)位于画布左上角。宽度和高度的空间区域测量是以像素为单位给出的。

利用 Canvas 元素在网页上绘制图像，需要三步。

(1) 在 HTML 5 文档中添加 Canvas 元素，并设定 Canvas 元素的 id、宽度和高度。基本语法格式如下：

```
<canvas id="myCanvas" width="200" height="200">...</canvas>
```

属性 id 为 Canvas 元素指定一个 id，便于在 JavaScript 代码中引用。属性 width 和 height 是 HTML 5 中的新属性，代表画布的宽度和高度，如果不定义画布的宽度和高度，则 Canvas 默认为 300×150 像素。Canvas 元素里的内容会在浏览器不支持此元素时作为替代内容显示。

> **注意**
>
> 添加完成 Canvas 元素后，浏览器中依然什么也看不到，因为 Canvas 默认情况下是透明的。用户可以使用 CSS 设定画布的样式，便于观察画布区域。

(2) 使用 JavaScript 获得上下文。在进行绘画之前，JavaScript 先获取 Canvas 元素，然后创建 context 对象，即 2D 上下文(环境)。语法格式如下：

```
<script>
 var canvas = document.getElementById("mycanvas");
 var ctx = canvas.getContext('2d');
</script>
```

使用 getElementById()方法引用 Canvas 元素，用 getContext()方法选择了其上下文。通过 getContext('2d')取得内建的 HTML 5 对象(CanvasRenderingContext2D 对象)，使用该对象可在 Canvas 元素中绘制图形，目前强制支持的只有"2d"，提供了多种绘制路径、矩形、圆形、字符以及添加图像的方法和属性。

(3) 使用 JavaScript 进行绘制。

9.2 绘制基本图形

Canvas 元素只是在页面中定义了一块矩形区域，需要使用 JavaScript 这支画笔在 Canvas 画布中绘制各种图形，Canvas 的 CanvasRenderingContext2D 对象提供了绘制基本线条的方法及属性，如表 9-1 所示。

表 9-1　绘制基本图形常用的方法和属性

方法与属性	描　述
beginPath()	开始绘制一条新的路径
moveTo(int x, int y)	将画笔移动到指定坐标点(x, y)，该点作为路径的起点
lineTo(int x, int y)	从当前点到指定坐标点(x, y)定义一条直线
stroke()	绘制已定义的直线
fill()	填充当前绘图(路径)
closePath()	创建从当前点回到起始点的路径
arc(x,y,r,sAngle,eAngle,counterclockwise)	绘制圆弧，坐标点(x, y)为圆的中心点，r 是圆的半径，sAngle 是起始角，eAngle 是结束角，counterclockwise 是可选项，false 是顺时针，true 是逆时针
rect(x, y, width, height)	创建矩形，(x, y)为矩形左上角坐标
fillRect(x, y, width, height)	绘制用颜色填充的矩形
strokeRect()	绘制矩形(无填充)
clearRect()	清空给定矩形内的指定像素
strokeStyle	设置或返回用于线条的颜色、渐变或模式(默认为 black)
fillStyle	设置或返回用于填充绘画的颜色、渐变或模式
linewidth	设置或返回当前的线条宽度

　　路径用于绘制各种图形，在 Canvas 中，通过 beginPath()方法开始绘制路径，可以绘制直线、曲线等，绘制完成后，调用 fill()和 stroke()完成填充和设置边框，通过 closePath()方法结束路径的绘制。

9.2.1　绘制直线

　　Canvas 在绘制直线时，需要一个起点和一个终点，可以调用三个方法进行绘制：moveTo()、lineTo()和 stroke()。使用 moveTo(x, y)方法设置绘图起始坐标，使用 lineTo(x, y)方法绘制线条到指定的目标坐标，可以使用 strokeStyle 属性和 lineWidth 属性指定线的颜色和粗细。

　　【例 9-1】绘制一条贯穿画布的对角线。代码如下：

```
<!doctype html>
<html>
<head>
  <meta charset="utf-8">
  <title>绘制直线</title>
</head>
<body>
  <canvas id="myCanvas" width="300" height="150"
    style="border:1px solid #ccc;">
Your browser does not support the HTML5 canvas tag.</canvas>
  <script>
    var c = document.getElementById("myCanvas");
    var ctx = c.getContext("2d");
```

```
    ctx.beginPath();
    ctx.moveTo(0,0);                    //起始坐标(0,0)
    ctx.lineTo(300,150);                //绘制直线到目标坐标(300,150)
    ctx.strokeStyle = "red";            //线的颜色
    ctx.lineWidth = 2;                  //线的宽度
    ctx.stroke();
  </script>
</body>
</html>
```

在 IE10 浏览器中运行相关代码的预览效果如图 9-1 所示。

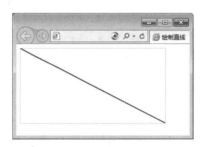

图 9-1　绘制直线

9.2.2　绘制圆形

绘制圆形时，需要用到 beginPath()、arc()、closePath()和 fill()方法。

arc(x,y,r,sAngle,eAngle,counterclockwise)：圆的圆心坐标点为(x, y)，r 是圆的半径，sAngle 是起始角，eAngle 是结束角；counterclockwise 是可选项，用来定义画圆的方向，其值为 false 时表示顺时针，为 true 则是逆时针。

【例 9-2】绘制两个圆。代码如下：

```
<!doctype html>
<html>
<body>
  <canvas id="myCanvas" width="300" height="150"
    style="border:1px solid #d3d3d3;">
    Your browser does not support the HTML5 canvas tag.</canvas>
  <script>
    var c = document.getElementById("myCanvas");
    var ctx = c.getContext("2d");
    ctx.beginPath();
    ctx.strokeStyle = "blue";
    ctx.arc(100, 75, 50, 0, 2*Math.PI);
    ctx.stroke();
    ctx.beginPath();
    ctx.fillStyle = "red";
    ctx.arc(250, 75, 40, 0, 2*Math.PI);
    ctx.fill();
  </script>
</body>
</html>
```

在 IE10 浏览器中运行相关代码的预览效果如图 9-2 所示。

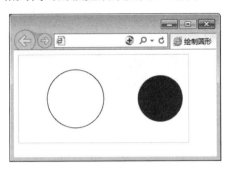

图 9-2　绘制圆形

9.2.3　绘制矩形

绘制矩形时，可能用到 strokeRect()、fillRect()、clearRect()等方法。

(1)　strokeRect(x, y, width, height)：用于绘制一个矩形边框，参数 x、y 定义该矩形的起点坐标，决定了矩形的位置；width 定义矩形的宽度，是(x, y)向右的距离；height 定义矩形的高度，是(x, y)向下的距离。

(2)　fillRect(x, y, width, height)：用于填充一个矩形区域。

【例 9-3】绘制矩形。代码如下：

```
<body>
 <canvas id="myCanvas" width="300" height="150"
  style="border:1px solid #d3d3d3;">
  Your browser does not support the HTML5 canvas tag.</canvas>
 <script>
  var c = document.getElementById("myCanvas");
  var ctx = c.getContext("2d");
    // 红色矩形
  ctx.beginPath();
  ctx.lineWidth = "6";
  ctx.strokeStyle = "red";
  ctx.rect(5, 5, 290, 140);
  ctx.stroke();
    // 蓝色矩形
  ctx.beginPath();
  ctx.fillStyle = "blue";
  ctx.fillRect(50, 50, 150, 80);
  ctx.clearRect(60, 60, 50, 50);
 </script>
</body>
```

在 IE10 浏览器中运行相关代码的预览效果如图 9-3 所示。

例 9-3 中，使用 clearRect()方法可以清除指定的矩形区域内的所有像素，显示出画布的背景。

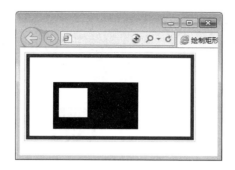

图 9-3   绘制矩形

9.2.4   绘制多边形

CanvasRenderingContext2D 只提供了绘制矩形的方法，需要使用路径才能绘制复杂的几何图形。例如，绘制一个三角形，需要绘制三条直线，并设置三条直线的起点和终点相互连接。

【例 9-4】绘制三角形和五边形。核心代码如下：

```
<body>
 <canvas id="myCanvas" width="300" height="200"
  style="border:1px solid #ccc;">
  Your browser does not support the HTML5 canvas tag.</canvas>
 <script>
  function createPolygon(context, n, dx, dy, size){
    context.beginPath();
    var dig = Math.PI / n * 2;
    for(var i=0; i<n; i++){
       var x = Math.cos(i*dig);
       var y = Math.sin(i*dig);
       context.lineTo(x*size+dx, y*size+dy);
    }
    context.closePath();
  }
  var canvas = document.getElementById('myCanvas');
  var ctx = canvas.getContext('2d');
  createPolygon(ctx, 3, 80, 80, 50);
  ctx.fillStyle = "#dbeaf9";
  ctx.fill();
  createPolygon(ctx, 5, 200, 80, 50);
  ctx.strokeStyle = "red";
  ctx.stroke();
 </script>
</body>
```

在 IE10 浏览器中运行相关代码的预览效果如图 9-4 所示。

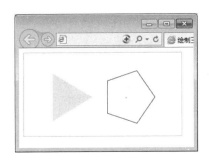

图 9-4　绘制多边形

9.3 图形的变换

图形的变换(如旋转、缩放图形等)，可以创建出很多复杂多变的图形。图形转换常用的方法如表 9-2 所示。

表 9-2　图形变换常用的方法

方　法	描　述
translate()	重新定义画布上的(0, 0)位置
scale()	缩放当前绘画，定位也会被缩放。如 scale(2, 2)，是将绘画定位于距离画布左上角两倍远的位置，绘画也放大两倍
rotate(angle)	旋转当前绘画，angle 为旋转角度，以弧度计

9.3.1 保存与恢复 Canvas 状态

Canvas 状态是指当前画面所有样式、变形和裁切的一个快照，以堆(stack)的方式保存，save()和 restore()方法用于保存和恢复 Canvas 状态，语法格式如下：

```
context.save();
context.restore();
```

这两种方法都不需要任何参数。Save()方法可以暂时将当前的状态保存到堆中，这些状态可以是各种属性的值、当前应用的变形等；restore()方法用于将上一个保存的状态从堆中再次取出，恢复该状态的所有设置。

9.3.2 移动坐标位置

画布的坐标空间默认以画布左上角为原点(0, 0)，x 轴向右为正向，y 轴垂直向下为正向，该坐标空间的单位通常为像素。在绘制图形时，可以根据要求使用 translate()方法移动坐标空间，使用画布的变换矩阵进行水平和垂直方向的偏移。语法格式如下：

```
context.translate(dx, dy);
```

dx 和 dy 分别为坐标原点沿水平和垂直两个方向的偏移量。在进行图形变换之前，要使用 save()方法保存当前状态。

【例 9-5】translate()方法的使用。代码如下：

```
<body>
 <canvas id="myCanvas" width="300" height="150"
  style="border:1px solid #d3d3d3;">
  Your browser does not support the HTML5 canvas tag.</canvas>
 <script>
  var c = document.getElementById("myCanvas");
  var ctx = c.getContext("2d");
  ctx.fillStyle = "green";
  ctx.fillRect(10, 10, 100, 50);
  ctx.fillStyle = "red";
  ctx.translate(70, 70);
  ctx.fillRect(10, 10, 100, 50);
 </script>
</body>
```

在 IE10 浏览器中运行相关代码的预览效果如图 9-5 所示。

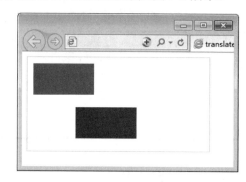

图 9-5　移动坐标空间

9.3.3　缩放图形

利用 scale()方法，可以实现图形或定位的放大或缩小，其语法格式如下：

```
context.scale(x, y);
```

x 为横轴的缩放因子，y 为纵轴的缩放因子，取值必须为正。如果想放大图形，需将参数值设置为大于 1；想缩小图形时，需将参数设置为小于 1 的数值；当数值为 1 时，则没有任何效果。

【例 9-6】scale()方法的使用。代码如下：

```
<body>
<canvas id="myCanvas" width="300" height="150"
 style="border:1px solid #d3d3d3;">
 Your browser does not support the HTML5 canvas tag.</canvas>
 <script>
  var c = document.getElementById("myCanvas");
  var ctx = c.getContext("2d");
  ctx.save();
  ctx.strokeRect(20, 20, 50, 30);
```

```
    ctx.scale(2, 2);
    ctx.strokeStyle = "blue";
    ctx.strokeRect(20, 20, 50, 30);
    ctx.restore();
    ctx.scale(0.5, 0.5)
    ctx.strokeStyle = "red";
    ctx.strokeRect(20, 20, 50, 30);
  </script>
</body>
```

在 IE10 浏览器中运行相关代码的预览效果如图 9-6 所示。

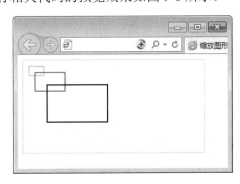

图 9-6 缩放图形

9.4 特效应用

特效包括使用阴影、透明度等，常用的属性如表 9-3 所示。

表 9-3 阴影和透明度属性

属　　性	描　　述
shadowColor	设置阴影的颜色
shadowBlur	设置阴影的模糊程度
shadowOffsetX	设置阴影的水平偏移量
shadowOffsetY	设置阴影的垂直偏移量
globalAlpha	设置或返回绘图的当前 alpha 或透明值

在画布上绘制带有阴影效果的图形非常简单，只须设置 shadowBlur、shadowOffsetX、shadowOffsetY 和 shadowColor 这几个属性即可。

【例 9-7】设置阴影。代码如下：

```
<body>
  <canvas id="myCanvas" width="300" height="150"
    style="border:1px solid #d3d3d3;">
    Your browser does not support the HTML5 canvas tag.</canvas>
  <script type="text/javascript">
    var c = document.getElementById("myCanvas");
    var ctx = c.getContext("2d");
```

```
    ctx.shadowBlur = 10;
    ctx.fillStyle = "blue";
    ctx.shadowColor = "black";
    ctx.fillRect(20, 20, 100, 80);

    ctx.shadowColor = "red";
    ctx.shadowOffsetX = 20;
    ctx.shadowOffsetY = 20;
    ctx.fillRect(140, 20, 100, 80);
  </script>
</body>
```

在 IE10 浏览器中运行相关代码的预览效果如图 9-7 所示。

图 9-7　设置阴影

9.5 绘制文本

在画布 Canvas 上绘制文本的方式与操作其他路径对象的方式相同，可以绘制文本轮廓和填充文本内部。所有能够应用于其他图像的变换和样式都能用于文本。绘制文本常用的方法和属性如表 9-4 所示。

表 9-4　绘制文本常用的方法和属性

方法和属性	描　述
fillText(text, x, y, maxwidth)	在画布上绘制填充文本。maxwidth 是可选参数，用于限制字体大小，它会将文本字体强制收缩到指定尺寸
strokeText(text, x, y, maxwidth)	在画布上绘制文本(无填充)
measureText()	返回包含指定文本宽度的对象
font	设置或返回文本内容的当前字体属性
textAlign	设置或返回文本内容的当前对齐方式
textBaseline	设置或返回在绘制文本时使用的当前文本基线

【例 9-8】绘制文本。代码如下：

```
<body>
<canvas id="myCanvas" width="300" height="150"
```

```
   style="border:1px solid #d3d3d3;">
Your browser does not support the HTML5 canvas tag.</canvas>
<script>
var c = document.getElementById("myCanvas");
var ctx = c.getContext("2d");
ctx.font = "20px Georgia";
ctx.fillText("Hello World!", 10, 50);
ctx.strokeStyle = 'red';
ctx.font = "40px  Georgia";
ctx.strokeText("Hello World!", 10, 100);
</script>
</body>
```

在 IE10 浏览器中运行相关代码的预览效果如图 9-8 所示。

图 9-8　绘制文本

9.6　上机实训：用 Canvas 绘制时钟

利用 Canvas 元素在网页上创建一个时钟特效。先在画布上绘制静态时钟，这就需要绘制几个图形：表盘、时针、分针、秒针和中心圆，构成一个时钟界面。然后使用 JavaScript 代码，根据当前时间使秒针、分针和时针正常运转。

本实训案例创建一个动态时钟的具体步骤如下。

9.6.1　绘制静态时钟

1. 绘制时钟外框圆

先创建一个宽度为 200 像素、高度为 200 像素的画布，再利用 CSS 控制样式，灰色边框。HTML 代码如下：

```
<!doctype html>
<html>
<head>
  <meta charset="utf-8">
  <title>canvas 时钟</title>
  <style type="text/css">
    div{text-align:center; margin-top:100px;}
    #mycanvas{border: 1px solid #ccc;}
  </style>
</head>
<body>
```

```
  <div>
    <canvas id="mycanvas" width="200" height="200"></canvas>
  </div>
</body>
</html>
```

上面的代码完成后，Canvas 里没有任何内容，接下来建立 JS 文件(clock.js)。利用 JavaScript 绘制时钟的外框圆，JavaScript 代码如下：

```
var canvas = document.getElementById("mycanvas");
var ctx = canvas.getContext("2d"); //获取上下文
var width = ctx.canvas.width;
var height = ctx.canvas.height;
var r = width / 2;                  //根据画布宽度定义时钟半径
var rem = width / 200;              //定义一个比例
function drawClockBg(){             //定义函数，用来绘制时钟
  ctx.save();
  ctx.translate(r, r);
  ctx.lineWidth = 10 * rem;
  ctx.beginPath();
  ctx.strokeStyle = "#00c";
  ctx.arc(0, 0, r-ctx.lineWidth/2, 0, 2*Math.PI, false);
  ctx.stroke();
}
drawClockBg();
```

代码中用 rem=width/200 定义了一个比例，目的是当时钟缩放时，时钟的外框圆、时针、分针、秒针等也一起缩放。在 IE10 浏览器中运行相关代码的预览效果如图 9-9 所示。

图 9-9　绘制时钟外框圆

2. 绘制时钟刻度

先定义一个数组来存放 12 个小时数，从小时数 3 开始，利用循环遍历数组，来绘制 12 个小时数，需在函数 drawClockBg()里添加如下代码：

```
var hourNumbers = [3,4,5,6,7,8,9,10,11,12,1,2];
ctx.font = 18*rem + "px Arial";
ctx.textAlign = 'center';
ctx.textBaseline = 'middle';
hourNumbers.forEach(function(number,i){
    var rad = 2*Math.PI/12*i;
    var x = Math.cos(rad)*(r-30*rem);
```

```
   var y = Math.sin(rad)*(r-30*rem);
   ctx.fillText(number,x,y);                //绘制 12 个小时数
   }
```

接下来绘制表针跳动时对应的 60 个点，与绘制 12 个小时数类似，仍在 drawClockBg() 函数里添加如下代码：

```
for(var i=0; i<60; i++){
   var rad = 2*Math.PI/60*i;
   var x = Math.cos(rad)*(r-18*rem);
   var y = Math.sin(rad)*(r-18*rem);
   ctx.beginPath();
   if(i%5===0){
       ctx.fillStyle = "#000";              //绘制小时整数的小黑点
       ctx.arc(x, y, 2*rem, 0, 2*Math.PI, false);
   }else{
       ctx.fillStyle = "#ccc";              //绘制其他小点
       ctx.arc(x, y, 2*rem, 0, 2*Math.PI, false);
   }
   ctx.fill();
}
```

从上面的代码中可以看出，小时数的点为黑色(ctx.fillStyle="#000")填充，其他点为灰色填充(ctx.fillStyle="#ccc")。两段代码运行后，得到的表盘样式如图 9-10 所示。

图 9-10　绘制时钟内容

3. 绘制静态的时针、分针和秒针

(1)　绘制时针并指向 5 点钟，定义函数 drawHour()，并传递参数(小时)，代码如下：

```
function drawHour(hour){
   ctx.save();
   ctx.beginPath();
   var rad = 2*Math.PI/12*hour;
   ctx.rotate(rad);                         //确定时针的位置
   ctx.lineWidth = 6*rem;                    //时针样式
   ctx.lineCap = 'round';                    //时针结束端点样式
   ctx.moveTo(0, 10*rem);                    //时针起始坐标
   ctx.lineTo(0, -r/2);
   ctx.stroke();
   ctx.restore();
}
```

时钟结束端点是圆形的，需设置属性 lineCap='round'。利用 save()方法保存当前状态，再用 restore()方法恢复到绘制小时之前的状态。调用函数 drawHour(5)。

(2) 绘制分针，定义函数 drawMinute()，方法与绘制时针相似，传递参数(分钟)，代码如下：

```
function drawMinute(minute){
    ctx.save();
    ctx.beginPath();
    var rad = 2*Math.PI/60*minute;
    ctx.rotate(rad);
    ctx.lineWidth = 3*rem;
    ctx.lineCap = 'round';
    ctx.moveTo(0, 10*rem);
    ctx.lineTo(0, -r+30*rem);
    ctx.stroke();
    ctx.restore();
}
```

调用函数 drawMinute(30)使分针指向 6，当前得到的时间是 5:30。

(3) 绘制秒针，定义函数 drawSecond()，代码如下：

```
function drawSecond(second){
    ctx.save();
    ctx.beginPath();
    ctx.fillStyle = '#c14543';
    var rad = 2*Math.PI/60*second;
    ctx.rotate(rad);
    ctx.moveTo(-2*rem, 20*rem);
    ctx.lineTo(2*rem, 20*rem);
    ctx.lineTo(1, -r+18*rem);
    ctx.lineTo(-1, -r+18*rem);
    ctx.fill();
    ctx.restore();
}
```

从上面的代码中可以看出，这里是利用填充的方法绘制秒针的。调用函数 drawSecond(15)。

(4) 绘制中心圆点，用来固定时针、分针和秒针，成为它们的旋转轴。定义 drawDot() 函数，代码如下：

```
function drawDot(){
    ctx.beginPath();
    ctx.fillStyle = '#fff';
    ctx.arc(0, 0, 3*rem, 0, 2*Math.PI, false);
    ctx.fill();
}
```

调用函数 drawDot()绘制中心圆点。最终的程序运行效果如图 9-11 所示。

从图 9-11 中可以看出，时针并没有指向 5:30 的位置，所以在绘制时针时，要传入分针数，即定义时针的函数增加分针参数，即 drawHour(hour, minute)，并在函数内部计算分针的弧度，时针旋转时加上分针的弧度，代码如下：

```
var mrad = 2*Math.PI/12/60*minute;
ctx.rotate(rad + mrad);
```

代码修改后在浏览器中的运行效果如图 9-12 所示。

图 9-11 绘制静态时、分、秒针   图 9-12 修改后的效果

9.6.2 制作动态时钟

在静态时钟的基础上，利用 JavaScript 使时钟正常运转。

定义函数 clock()，代码如下：

```
function clock(){
    ctx.clearRect(0, 0, width, height);
    var now = new Date();
    var hour = now.getHours();
    var minute = now.getMinutes();
    var second = now.getSeconds();
    drawClockBg();
    drawHour(hour, minute);
    drawMinute(minute);
    drawSecond(second);
    drawDot();
    ctx.restore();
}
```

使用方法 clearRect()清除时钟的所有内容，重新绘制时钟界面，避免时钟指针重复绘制。先调用函数 clock()，然后利用 setInterval()函数定时，即每秒执行一次函数 clock()，代码如下：

```
setInterval(clock, 1000);
```

时钟的最终效果如图 9-13 所示。

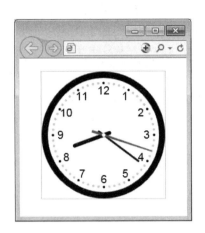

图 9-13　动态时钟效果

本 章 小 结

　　Canvas 是 HTML 5 新增的元素，是为客户端矢量图形而设定的，它有自己的属性、方法和事件，其中就有绘图的方法。但 Canvas 本身没有绘图功能，需要借助于 JavaScript。

　　通过本章的学习，读者可以利用 Canvas 元素在网页上绘制基本的图形，并进一步地掌握 JavaScript 在网页中的应用。

自 测 题

简答题

　　1.　简述画布中 stroke() 和 fill() 方法二者的区别。

　　2.　定义 Canvas 画布宽度和高度时，是否可以在 CSS 属性中定义？如果可以，写出代码。

第 **10** 章

购物车的设计

(1) HTML 5、CSS、JavaScript 的综合应用;

(2) 设计电子商务网站购物车。

(1) 综合前面所学知识,以电子商务网站购物车设计为案例进行实践练习;

(2) 掌握 HTML 5、CSS、JavaScript 进行网页设计与制作的实际应用。

10.1 案例导入

在购物网站购买商品时，都会用到购物车，购物车是电商网站必备的功能之一。购物车功能指的是应用于网店的在线购买功能，它类似于超市购物时使用的推车或篮子，可以暂时把挑选的商品放入购物车、删除或更改购买数量，并对多个商品进行一次结款，是电子商务网站里的一种快捷购物工具。购物车大大简化了用户在购物时的操作，并随时都可以方便用户管理自己购物车中的商品，对于电商网站的体验来说，有着非常大的提升。

目前，各类购物网站都有购物车功能，如淘宝网、当当网、京东等。本案例重点讲述如何实现类似于淘宝网的购物车效果，包括商品的单选、全选、删除、修改数量、价格计算、数目计算、预览等功能的实现。本案例的购物车效果如图 10-1 所示。

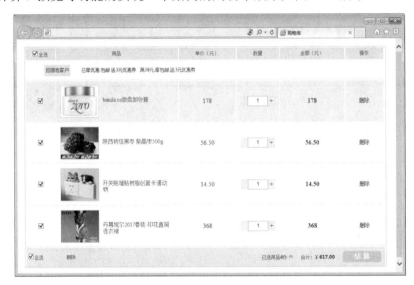

图 10-1　购物车页面的效果

10.2 案例分析

设计购物车时，涉及的前端知识非常全面，包括以后工作中使用率非常高的知识点和技巧，值得读者去学习。本案例主要应用 HTML 5、CSS 和 JavaScript 技术来实现购物车功能。

(1) 使用 HTML 标记构建购物车的结构，为了使商品的内容简洁清晰、方便管理和查看，这里使用了表格来存放商品信息，结合 div 标记来布局购物车结构。

(2) 利用 CSS 样式实现 HTML 标记的布局和修饰。

(3) 编写 JavaScript 脚本，实现购物车功能，包括选中商品、从购物车中删除商品、修改选中商品的数量、计算选中商品的总金额、显示已选商品的图片等。

10.3　操作步骤

10.3.1　设计购物车的 HTML 结构

为了方便管理购物车里的商品信息，本任务使用了表格标记实现购物车的数据存储。
购物车的 HTML 结构代码如下：

```
<body>
<div class="cartbox">
<table id="cartTable">
<thead>
<tr>
    <th>
        <label>
        <input class="check-all check" type="checkbox"/> 全选
        </label>
    </th>
    <th>商品</th>
    <th>单价(元)</th>
    <th>数量</th>
    <th>金额(元)</th>
    <th>操作</th>
</tr>
<tr>
    <td class="fav" colspan="6">
        <span class="f1">回馈老客户</span>
        <span class="f2">已享优惠：包邮送 3 元优惠券</span>
        满 38 元,享包邮,送 3 元优惠券
    </td>
</tr>
</thead>
<tbody>
<tr>
    <td class="checkbox">
    <input class="check-one check" type="checkbox"/></td>
    <td class="goods">
        <a href="#"><img src="images/g1.jpg" alt=""/>
        <span>banila co 致柔卸妆膏</span></a>
    </td>
    <td class="price">178</td>
    <td class="count">
        <span class="reduce"></span>
        <input class="count-input" type="text" value="1" />
        <span class="add">+</span>
    </td>
    <td class="subtotal">178</td>
    <td class="operation"><span class="delete">删除</span></td>
</tr>
<tr>
```

```
    <td class="checkbox">
      <input class="check-one check" type="checkbox"/></td>
    <td class="goods">
      <a href="#"><img src="images/t1.jpg" alt="" />
      <span>陕西特级黑枣紫晶枣 500g </span></a></td>
    <td class="price">56.50</td>
    <td class="count">
      <span class="reduce"></span>
      <input class="count-input" type="text" value="1" />
      <span class="add">+</span>
    </td>
    <td class="subtotal">56.50</td>
    <td class="operation"><span class="delete">删除</span></td>
</tr>
<tr>
    <td class="checkbox">
      <input class="check-one check" type="checkbox"/></td>
    <td class="goods">
      <a href="#"><img src="images/1.jpg" alt="" />
      <span>开关贴墙贴树脂创意卡通动物</span></a></td>
    <td class="price">14.50</td>
    <td class="count">
      <span class="reduce"></span>
      <input class="count-input" type="text" value="1" />
      <span class="add">+</span></td>
    <td class="subtotal">14.50</td>
    <td class="operation"><span class="delete">删除</span></td>
</tr>
<tr>
    <td class="checkbox">
      <input class="check-one check" type="checkbox" /></td>
    <td class="goods">
      <a href="#"><img src="images/t2.jpg" alt="" />
      <span>丹慕妮尔 2017 春装-印花直筒连衣裙</span></a></td>
    <td class="price">368</td>
    <td class="count">
      <span class="reduce"></span>
      <input class="count-input" type="text" value="1" />
      <span class="add">+</span></td>
    <td class="subtotal">368</td>
    <td class="operation"><span class="delete">删除</span></td>
</tr>
</tbody>
</table>
<div class="foot" id="foot">
<label class="fl select-all">
    <input type="checkbox" class="check-all check" /> 全选
</label>
<a class="fl delete" id="deleteAll" href="javascript:;">删除</a>
<div class="fr closing">结算</div>
<div class="fr total">合计：￥<span id="priceTotal">0.00</span></div>
```

```
<div class="fr selected" id="selected">已选商品
    <span id="selectedTotal">0</span>件
    <span class="arrow up">≪</span>
    <span class="arrow down">≫</span>
</div>
<div class="selected-view">
<div id="selectedViewList" class="clearfix">
<div><img src="images/1.jpg"><span>取消选择</span></div>
</div>
<span class="arrow">◆<span>◆</span></span>
</div>
</div>
</div>
</body>
```

10.3.2 购物车的样式设计

为了简化 HTML 文档，本案例创建了外部样式表文件(style.css)来控制文档样式。本例的样式表文件内容如下。

(1) 设置总体样式，改变网页字体，去掉超链接下画线，代码如下：

```
* {margin:0; padding:0;}
a {color:#666;
   text-decoration:none;
   }
body{padding:20px;
   color:#666;
   }
```

(2) 设置最外层盒模型的样式。单独定义浮动样式，HTML 元素需要浮动时，可以直接引用，代码如下：

```
.cartbox{width:940px;
   border: 1px solid #ccc;
   }
.fl{float:left;}
.fr{float:right;}
```

(3) 由于购物车内的数据都存放在表格中，为了方便管理和显示商品信息，需要对表格及其内容的样式进行设置。

① 表格及表头的样式，代码如下：

```
table{border:0;
   text-align:center;
   width:937px;
   }
th{background:#ffe1d3;
   font-size:12px;
   font-weight:normal;
   height:30px;
```

```
    }
td{padding:10px;
    color:#444;
    }
```

对 th 和 td 标记添加样式后，浏览器的预览效果如图 10-2 所示。

| ☑全选 | 商品 | 单价（元） | 数量 | 金额（元） | 操作 |

图 10-2　表头效果

② "优惠信息"的样式。为了突显效果，在字体和背景上加以区别，代码如下：

```
.fav{text-align:left; font-size:12px;
    padding-left:50px;
    border-bottom: 1px solid #e7e7e7;
    }
.fav .f1{height:28px; width:68px;
    background-color:#e7e7e7;
    display:inline-block;
    line-height:28px;
    text-align:center;
    }
.fav .f2{color:#F00;
    padding-left:30px;
    padding-right:10px;
    }
```

③ 在<tbody>标记中，当鼠标经过某行或某行的复选框被选中时，该行的背景颜色发生改变，代码如下：

```
tbody tr:hover, .on {background:#fff0e7;}
```

④ 设置行中的内容样式，即每行的复选框、商品信息、单价、数量、金额和操作的样式，并设定了每个单元格的固定宽度，代码如下：

```
tbody td{border-bottom: 1px dashed #e7e7e7;}
.checkbox{width:60px;}  /*"复选框"列宽*/
.goods{width:300px;} /*"商品信息"列宽*/
.goods span{font-size:14px; width:180px;
    margin-top:30px;
    text-align:left;
    float:left;
    }

.price{width:130px;} /*"单价"列宽*/
.count{width:90px;} /*"数目"列宽*/
.count .add, .count input, .count .reduce{float:left;
    margin-right:-1px;
    position:relative;
    z-index:0;
    }
```

```
.count .add, .count .reduce{height:23px; width:17px; /*"增减器"样式*/
    border: 1px solid #e5e5e5;
    background:#f0f0f0;
    text-align:center;
    line-height:23px;
    color:#444;
    }
.count .add:hover, .count .reduce:hover{color:#f50;
    z-index:3;
    border-color:#f60;
    cursor:pointer;
    }
.count input{width:50px; height:15px; /*"数目输入框"样式*/
    line-height:15px;
    border: 1px solid #aaa;
    color:#343434;
    text-align:center;
    padding: 4px 0;
    background-color:#fff;
    z-index:2;
    }
.subtotal{width:150px; /*"金额"列样式*/
    color:red;
    font-weight:bold;
    }
.operation{font-size:14px;
    width:80px;
    }
.operation span:hover, a:hover{cursor:pointer;
    color:red;
    text-decoration:underline;
    }
img{width:100px; height:80px; /*"商品图片"样式*/
    border: 1px solid #ccc;
    margin-right:10px;
    float:left;
    }
```

行中内容样式的效果如图 10-3 所示。

图 10-3 行中内容样式的效果

⑤ 设置"结算"行的样式，使用 div 标记布局，代码如下：

```
.foot{width:935px; height:48px;
    font-size:12px;
    margin: 0 auto;
    color:#666;
```

```
    background-color:#eaeaea;
    position:relative;
    z-index:8;
    }
.foot div, .foot a{line-height:48px;
    height:48px;
    }
/*底部全选复选框的样式*/
.foot .select-all{width:100px; height:48px;
    line-height:48px;
    padding-left:5px;
    color:#666;
    }
/*"结算"按钮的样式*/
.foot .closing{border-radius:5px;
    margin-right:10px;
    margin-top:10px;
    line-height:28px;
    height:28px; width:100px;
    text-align:center;
    color:#fff;
    font-weight:bold;
    font-size:18px;
    background:#ccc;
    cursor:pointer;
    }
/*统计数量样式*/
.foot .total{margin: 0 20px;
    cursor:pointer;
    }
/*合计金额样式*/
.foot #priceTotal, .foot #selectedTotal{color:red;
    font-family:"Microsoft Yahei";
    font-weight: bold;
    }
```

⑥ 设置已选商品所在层 div 的样式(隐藏或显示)：鼠标单击 `已选商品4件 ∧` 时，选中的商品会在弹出层中显示出来，"∧"箭头将变成"∨"箭头；当鼠标单击 `已选商品4件 ∨` 时，隐藏已选商品，"∨"又变回"∧"。同时，还需要设定已选商品图片所在层 div 的样式，以及每个已选商品图片上的"取消选择"按钮的样式。代码如下：

```
.foot .selected{cursor:pointer;}
.foot .selected .arrow{position:relative;
    top:-3px;
    margin-left:3px;}
.foot .selected .down{position:relative;
    top:3px;
    display:none;}
.show .selected .down{display:inline;}
.show .selected .up{display:none;}
.foot .selected:hover .arrow{color:red;}
```

```
/*已选商品所在层 div 的样式，设置为隐藏状态*/
.foot .selected-view{width:935px; height:auto;
    border: 1px solid #c8c8c8;
    position:absolute;
    background:#ffffff;
    z-index:9;
    bottom:48px;
    left:-1px;
    display:none;}
/*显示 div 层*/
.show .selected-view{display:block;}
.foot .selected-view div{height:auto;}
/*箭头"≪"和"≫"的样式*/
.foot .selected-view .arrow{font-size:16px;
    line-height:100%;
    color:#c8c8c8;
    position:absolute;
    right:330px;
    bottom:-9px;}
.foot .selected-view .arrow span{color:#ffffff;
    position:absolute;
    left:0px;
    bottom:1px;}
#selectedViewList{padding:20px;
    margin-bottom:-20px;}
/*已选商品图片上的"取消选择"按钮的样式*/
#selectedViewList div{
    display:inline-block;
    position:relative;
    width:100px;
    height:80px;
    border: 1px solid #ccc;
    margin:10px;}
#selectedViewList div span{
    display:none;
    color:#ffffff;
    font-size:12px;
    position:absolute;
    top:0px;
    right:0px;
    width:60px; height:18px;
    line-height:18px;
    text-align:center;
    background:RGBA(0,0,0,.5);
    cursor:pointer;}
#selectedViewList div:hover span{display:block;}
```

已选商品所在的弹出层效果如图 10-4 所示。

图 10-4　隐藏图层的样式效果

10.3.3　利用 JavaScript 实现购物车功能

新建外部 JavaScript 文件(script.js)，然后引入到 HTML 文档中。

(1) 实现购物车功能的函数代码由 window 对象的 onload 事件激活：

```
window.onload = function(){}
```

(2) 通过 document.getElementById()和 document.getElementsByClassName()方法来获取 HTML 元素。具体代码如下：

```
var table = document.getElementById('cartTable'); //获取购物车表格
var checkInputs = document.getElementsByClassName('check'); //获取所有复选框
var checkAllInputs =
  document.getElementsByClassName('check-all'); //获取全选框
var tr = table.children[1].rows; //获取 tbody 元素下的所有行
var selectedTotal =
  document.getElementById('selectedTotal'); //获取已选商品数目
var priceTotal = document.getElementById('priceTotal'); //获取金额总计
var deleteAll = document.getElementById('deleteAll'); // 获取"删除全部"按钮
//获取浮层已选商品列表容器
var selectedViewList = document.getElementById('selectedViewList');
var selected = document.getElementById('selected'); //获取已选商品
var foot = document.getElementById('foot');
```

(3) 计算已选商品的数量和总金额。

① 定义函数 getTotal()，用来计算被选中商品的总数量和总金额。首先遍历每一行，依次判断每行是否被选中，由于每行中有两个 input 标记，第一个 input 标记是复选框，第二个 input 标记是显示商品数量的输入框，所以可以通过 getElementsByTagName('input')[0]和 getElementsByTagName('input')[1]方法来获取复选框和输入框，用 tr[i].cells[4].innerHTML 来获得每种商品的单价。然后累计每种商品的数量和金额。代码如下：

```
function getTotal() {
    var selected=0, price=0, html=''; //设置初始值
    for (var i=0; i<tr.length; i++) { //遍历所有行
        //获取每一行中的复选框，然后判断该复选框是否被选中
        if (tr[i].getElementsByTagName('input')[0].checked) {
            //计算已选商品数目
            selected +=
             parseInt(tr[i].getElementsByTagName('input')[1].value);
            //计算总计价格
            price += parseFloat(tr[i].cells[4].innerHTML[4].innerHTML);
```

```
        }
    }
    selectedTotal.innerHTML = selected; //总数放在"已选商品"中
    priceTotal.innerHTML = price; //计算完的价格放在"合计"里
}
```

使用 toFixed(2)方法，让数值保留两位小数，修改代码如下：

```
priceTotal.innerHTML = price.toFixed(2);
```

② 遍历所有的复选框，给每个复选框添加 onclick 事件，用于调用 getTotal()函数，实现统计已选商品的数量和金额。代码如下：

```
for(var i=0; i<selectInputs.length; i++){ //遍历所有的复选框
    selectInputs[i].onclick = function() { //给每个复选框加上单击事件
        getTotal();
    }
}
```

相关代码在浏览器中的运行结果如图 10-5 所示。

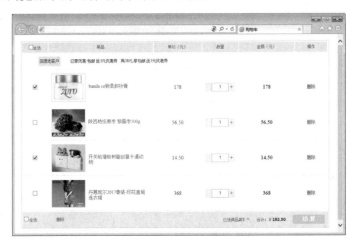

图 10-5 运行结果

③ 遍历所有复选框时，如果全选框被选中，则其他单独的复选框将自动全被选中。因此，在 checkInputs[i].onclick 事件中，须判断全选框是否被选中(全选框 className 的值为 'check-all')。需要添加的代码如下：

```
if (this.className.indexOf('check-all') >= 0) {
    for (var j=0; j<checkInputs.length; j++) {
        checkInputs[j].checked = this.checked;
    }
}
```

进一步完善此处的功能，即只要有一个单独复选框是未选中状态，则全选框取消选中状态。添加的代码如下：

```
if (!this.checked) {      //只要有一个未勾选，则取消全选框的选中状态
    for (var i=0; i<checkAllInputs.length; i++) {
        checkAllInputs[i].checked = false;
```

```
   }
}
```

④ 增加功能。当商品被选中时，所在行高亮显示，需要在 getTotal()函数中判断复选框是否被选中的语句里添加的代码如下：

```
tr[i].className = 'on';
```

取消高亮显示则使用：

```
tr[i].className = '';
```

(4) 已选商品列表弹出层的制作。当商品被选时，单击 已选商品4件 ⌃ 处会弹出显示商品图片列表层，再单击 已选商品4件 ⌄ 或取消复选框已选状态时，收起弹出层。而且商品图片是动态显示的。这些状态在 CSS 样式里已经设定好，接下来需要 JavaScript 脚本动态控制。

① 编写已选商品的 onclick 事件，代码如下：

```
selected.onclick=function() {
   if (selectedTotal.innerHTML != 0) {
      foot.className = (foot.className=='foot'? 'foot show' : 'foot');
   }
}
```

② 将已选商品图片添加到弹出层里，需要动态编写 HTML 标记，因此在 getTotal()函数里添加代码：

```
var html = '';
html += '<div><img src="' + tr[i].getElementsByTagName('img')[0].src+'">
         <span class="del" index="' + i + '">取消选择</span></div>';
selectedViewList.innerHTML = html; //已选商品显示在弹出层里
if (selectedTotal.innerHTML == 0) { //没有已选商品时弹出层隐藏
   foot.className = 'foot';
}
```

用 index 属性来标识图片来自哪行，即取消选择哪行。

③ 图片上的"取消选择"功能的实现。当以鼠标单击"取消选择"时，将商品图片从列表中去除。但不能通过给"取消选择"元素添加事件，因为这些元素是通过 JavaScript 脚本动态生成的。这里使用事件代理，即使用其父元素(<div id="selectedViewList">)的 onclick 事件来完成。代码如下：

```
selectedViewList.onclick = function(e) {
   var el = e.srcElement;
   if (el.className=='del') {
      var input =
        tr[el.getAttribute('index')].getElementsByTagName('input')[0];
      input.checked = false;
      input.onclick();
   }
}
```

事件对象会被 e 参数传递。

(5) 增减商品数量及删除商品。商品数量增减时，相应的金额字段也要发生变化。为了提高性能，仍然使用事件代理(使用增减器的父元素 tr)，避免了页面元素绑定太多的事件。将 onclick 事件绑定到 tr 元素上。

当通过键盘输入商品数量时，仍能实现上述功能，因此，需要添加数目输入框的 keyup 事件及其事件处理程序：

```
for (var i=0; i<tr.length; i++) {
    tr[i].onclick = function(e) {
        var el = e.target || e.srcElement;
            //通过事件对象的 target 属性获取触发元素
        var cls = el.className;  //触发元素的 class
        var countInout =
            this.getElementsByTagName('input')[1]; //数目 input
        var value = parseInt(countInout.value);  //得到数目输入框的值
        var reduce = this.getElementsByTagName('span')[1]; //获取"-"按钮
        //通过判断触发元素的 class，确定用户单击了"+"还是"-"
        switch (cls) {
        case 'add':                    //单击"+"号按钮时
            countInout.value = value + 1;
            reduce.innerHTML = '-';   //数量增加时，添加"-"
            subTotal(this);
            break;
        case 'reduce':                  //单击"-"号按钮时
            if (value > 1) {
                countInout.value = value - 1;
                subTotal(this);
            }else
                reduce.innerHTML = '';  //当数目框的值小于等于 1 时去掉"-"
            break;
        case 'delete':                   //单击"删除"按钮
            var conf = confirm('确定删除此商品吗？');
            if (conf) {
                this.parentNode.removeChild(this);
            }
            break;
        }
        getTotal();
    }
    //给数目输入框绑定 keyup 事件
    tr[i].getElementsByTagName('input')[1].onkeyup=function() {
        var val = parseInt(this.value);
        if (isNaN(val) || val <= 0) {
            val = 1;
        }
        if (this.value != val) {
            this.value = val;
        }
        subTotal(this.parentNode.parentNode);  //更新每种商品的小计
        getTotal();  //更新购买的所有商品总价
    }
}
```

this.parentNode.parentNode 表示当前节点的祖父节点，即 tr 元素。

confirm('确定删除此商品吗？')表示打开一个包含信息、"确定"按钮和"取消"按钮的对话框，如果用户单击"确定"按钮，则 confirm()返回 true；如果单击"取消"按钮，则 confirm()返回 false。

(6) 定义函数 subTotal()，用于计算每种商品的总金额(数目×单价)。将该商品所在的行作为参数进行传递，代码如下：

```javascript
function subTotal(tr) {
   var cells = tr.cells;
   var price = parseFloat(cells[2].innerHTML);      //获取商品单价
   var subtotal = cells[4];                         //获取每种商品总计 td
   var countInput =
    parseInt(tr.getElementsByTagName('input')[1].value); //获取数目
   var reduce = tr.getElementsByTagName('span')[1];     //获取 "-" 号
   subtotal.innerHTML = (countInput * price).toFixed(2);
   //如果数目只有一个，把 "-" 号去掉
   if (countInput.value == 1) {
      reduce.innerHTML ='';
   } else {
      reduce.innerHTML = '-';
   }
}
```

(7) 删除所有选择的商品。先获取"删除全部"按钮元素，代码如下：

```javascript
var deleteAll = document.getElementById('deleteAll');
```

再通过"删除全部"按钮 deleteAll 的 onclick 事件，来实现删除所有已选商品，代码如下：

```javascript
deleteAll.onclick = function() {
   if (selectedTotal.innerHTML != 0) {
      var con = confirm('确定删除所选商品吗？');   //弹出确认框
      if (con) {
         for (var i=0; i<tr.length; i++) { //遍历每一行
            //如果被选中，就删除相应的行
            if (tr[i].getElementsByTagName('input')[0].checked) {
               tr[i].parentNode.removeChild(tr[i]);   //删除被选中行
               i--;
            }
         }
      }
   } else {
      alert('请选择商品！');
   }
   getTotal(); //更新总数
}
```

(8) 用户打开购物车时，让所有商品都处于选中状态。代码如下：

```javascript
checkAllInputs[0].checked = true; //默认全选
checkAllInputs[0].onclick();
```

经过以上步骤，购物车的功能设计就基本完成。

参 考 文 献

[1]　程乐，张趁香，刘万辉. JavaScript 程序设计实例教程[M]. 北京：机械工业出版社，2014.

[2]　刘增杰. HTML + CSS 3 + JavaScript 网页设计[M]. 北京：清华大学出版社，2012.

[3]　李东博. HTML 5 + CSS 3 从入门到精通[M]. 北京：清华大学出版社，2013.

[4]　明日科技. JavaScript 从入门到精通[M]. 北京：清华大学出版社，2012.

[5]　阮晓龙，耿方方，许成刚. Web 前端开发(HTML 5 + CSS 3 + jQuery + AJAX)从学到用完美实践[M]. 北京：中国水利水电出版社，2016.

[6]　大漠. 图解 CSS 3 核心技术与案例实战[M]. 北京：机械工业出版社，2015.

[7]　杨阳. HTML 5 + CSS 3 + JavaScript 网页布局与特效全程揭秘[M]. 北京：清华大学出版社，2014.

[8]　胡晓霞. 从零开始学 HTML 5 + CSS 3[M]. 北京：机械工业出版社，2016.

[9]　Adam Freeman 著. HTML 5 权威指南[M]. 谢廷晟译. 北京：人民邮电出版社，2014.

[10]　Christopher Murphy 著. HTML 5 + CSS 3 开发实战[M]. 黄曙荣译. 北京：清华大学出版社，2014.

[11]　http://www.w3school.com.cn/h.asp.